国家自然科学基金应急项目"粮食产后前端环节损失的常态化调查评估制度和节粮减损政策支撑体系研究"（项目编号：72241010）

国家社会科学基金重大项目"粮食全链条节约减损行动方案及政策体系研究"（项目编号：22&ZD087）

中国科协2022年度科技智库青年人才计划"我国节粮减损潜力评估及其资源环境效应测算与政策研究"（项目编号：20220615ZZ07110252）

国家发展改革委价格成本调查中心青年人才支持计划

经济管理学术文库·经济类

农户储粮损失和储粮决策研究

——以玉米为例

Households' Storage Losses and Storage Decision in China
—Case Study on Mazie

罗　屹／著

U0345047

经济管理出版社

ECONOMY & MANAGEMENT PUBLISHING HOUSE

图书在版编目（CIP）数据

农户储粮损失和储粮决策研究：以玉米为例/罗屹著．—北京：经济管理出版社，2022.12
ISBN 978-7-5096-8779-6

Ⅰ．①农…　Ⅱ．①罗…　Ⅲ．①粮食贮藏—研究　Ⅳ．①S379

中国版本图书馆 CIP 数据核字（2022）第 248871 号

组稿编辑：曹　靖
责任编辑：郭　飞
责任印制：黄章平
责任校对：张晓燕

出版发行：经济管理出版社
　　　　　（北京市海淀区北蜂窝 8 号中雅大厦 A 座 11 层　100038）
网　　址：www.E-mp.com.cn
电　　话：(010) 51915602
印　　刷：唐山玺诚印务有限公司
经　　销：新华书店
开　　本：720mm×1000mm/16
印　　张：12.25
字　　数：200 千字
版　　次：2023 年 3 月第 1 版　　2023 年 3 月第 1 次印刷
书　　号：ISBN 978-7-5096-8779-6
定　　价：88.00 元

前　言

减少粮食产后损失是保障国家粮食安全、节约资源的重要举措。农户储备是粮食产业链的重要中间环节，也是国家粮食储备体系的重要组成部分。自古以来，中国农户通过"自产—自储—自消"的方式保障家庭粮食消费，农户储粮规模较大。目前，中国农户年末粮食储备数量占当年粮食产量的40%~50%。然而，相比欧美等发达国家和地区，中国农户家庭储备设施简陋、储备技术落后，储粮损失不容忽视。

本书利用全国范围内的大样本调研数据，测算农户储粮损失，并基于农户行为理论建立农户粮食储备决策模型，对农户储粮决策及其影响因素进行分析。本书的主要框架如下：首先，对中国粮食生产和农户储粮的发展历程进行梳理，并基于28省份3490户农户数据评估农户储粮损失。其次，以玉米为例，分析影响农户储粮损失的主要因素。再次，将储备损失引入农户储备决策模型，分析储粮损失对农户粮食储备决策的影响。最后，利用倾向性得分匹配法评估先进储备设施对农户储备行为和储备损失的影响。本书的主要结论如下：

第一，自改革开放以来，中国粮食产量大幅增长，农户家庭粮食储备数量先增后降。目前，中国农户年末粮食储备量约占当年粮食总产量的40%。调研数据表明，中国农户收获后的储粮数量约为4500公斤，收获后3个月末储备数量约为2000公斤，收获后6个月末储备数量约为1000公斤，收获后9个月末储备数量为300公斤，收获后12个月末储备数量仅余100公斤。这意味着中国农户在收获后 3 个月内就出售了大部分粮食，在收获后 6 个月几乎将全部的商业库存售出，仅留足家庭后半年的口粮和饲料用粮。

第二，不同品种、区域和储备设施条件下，农户储粮损失存在差异。在八大类粮油作物中，土豆储备损失最严重，损失率达 6.48%；其次是红薯，损失率为 5.82%；油菜籽的损失率最低，为 1.52%。三大主粮作物农户储备损失率约 2.00%。其中，粳稻损失率为 2.02%，籼稻损失率为 2.38%；小麦损失率为 2.19%，玉米损失率为 1.78%。其他作物农户储备损失率如下：花生损失率为 2.43%，大豆损失率为 5.40%。同时，非粮食主产区农户储粮损失高于粮食主产区。例如，山东省农户储粮损失率仅为 0.95%。另外，在农户常用的储备设施中，仓类设施的储备损失水平最低。减损模拟结果表明，减少农户储粮损失有利于保障国家粮食安全，避免资源浪费。若农户储粮损失率降至 1.00%，节约的粮食可满足 721.61 万人 1 年的原粮消费，相当于节约耕地 70.42 万公顷、化肥 22.44 万吨、水资源 36.48 亿立方米。

第三，影响不同地区和不同规模农户储粮损失的因素大同小异。储备规模、作物成熟程度以及仓类设施对农户玉米储备损失有显著的负向影响，自用率、当地鼠害情况与农户玉米储备损失显著正相关。相对没有采取任何措施的农户，采用化学防治、物理防治等减损措施的农户玉米储备损失更高。这表明中国农户仅在损失出现后才进行减损活动。并且，在采取措施时，部分谷物可能被筛选、遗弃，这将增加损失。不同经营规模农户的玉米储备损失存在差异，中规模农户的玉米储备损失率为 1.60%，小规模农户的玉米储备损失率为 1.92%，大规模农户的玉米储备损失率为 1.81%。进一步研究表明，储备规模与储备损失之间存在"U"型关系，临界点为 38.11 吨。

第四，储备损失显著降低农户玉米储备数量，但对农户玉米储备时长无显著影响。针对潜在的内生性问题，本书使用农户家庭距最近城镇距离和晾晒环节天气情况作为玉米储备损失的工具变量，所得结论依然成立。

第五，采用先进储粮设施大幅降低农户储粮损失，延长农户储粮时间。倾向性得分匹配法的结果表明，采用先进储备设施使农户玉米储备损失降低 60%，减少的损失使农民节约玉米 29～33 公斤，玉米储备损失率由 2.70% 降至 0.87%，达到发达国家水平。同时，先进储备设施采用者的玉米储备数量和储备时间比非采用者分别多 1200 公斤和 0.20 个季度。另外，采用先进储备设施使农户降低储备过程中使用化学药物的可能性，并降低农户对市场的依赖。

目　录

第1章 导 论

1.1 研究背景与研究意义

1.1.1 研究背景

1.1.1.1 粮食安全重要性

人多地少是中国的基本国情。中国需要仅占全球 5.19% 的可再生水资源和 8.39% 的耕地养活全球 19.10% 的人口[①]，确保粮食安全关乎社会稳定、国家安全，其重要性不言而喻。习近平总书记十分关注中国的粮食问题，多次强调十几亿中国人民的饭碗是中国共产党治理国家面临的头号问题，必须将保障粮食安全放在突出位置，人民的饭碗一定要牢牢地端在自己手上[②]。

从长期来看，随着社会经济发展水平不断提升，人民消费结构持续升级，肉

[①] 资料来源：联合国粮农组织土地和水数据库，http://www.fao.org/nr/water/aquastat/data/query/index.html? lang=en。

[②] 资料来源：《习近平：饭碗要端在自己手里》，http://www.xinhuanet.com/politics/2015-08-25/c_128164006.htm。

蛋奶等动物产品消费持续增长将显著拉动中国的粮食需求（黄宗智和彭玉生，2007；曹芳芳等，2018a）。并且，"放开二孩"等刺激人口增长的政策也将增加中国的粮食消费（Christiansen，2009；Fukase和Martin，2016）。中国粮食供需将长期处于紧平衡，并且面临粮食供需缺口扩大、粮食自给率下降等挑战（王大为和蒋和平，2017）。据估计，到21世纪30年代初期，中国的粮食供需缺口可能接近8000万吨，缺口率超过12%（程杰等，2017）。

从近期来看，新冠肺炎疫情与世界百年变局交织流行，部分国家临时限制粮食出口，世界粮食市场不确定性增大。与此同时，我国多个地区爆发蝗虫、干旱等自然灾害，加剧了粮食市场的恐慌情绪。虽然政府出台多条举措，抓春耕、稳生产；"两会"期间，国家有关负责人也多次强调中国有信心、有能力保障粮食安全[①]，但关于"粮食危机"的言论甚嚣尘上，引发人们对粮食安全的担忧。

1.1.1.2 节粮减损必要性

一般而言，增产和减损是增加国家粮食供给数量和增强粮食安全保障能力的两种途径。增产，即通过增加要素投入，如增加土地供给、化肥使用等，提升粮食产量。然而，随着中国农业生产成本持续上升（比如劳动力工价和农业生产资料价格上涨），加上水资源和耕地资源等自然资源紧缺，中国粮食产量继续增长的空间有限（曹芳芳等，2018b；黄东等，2018）。减损，即通过减少粮食在收获、流通和消费等环节的损失和浪费，增加可使用的粮食数量。以往多数研究和政策关注点主要聚焦于粮食增产（周振亚等，2015）。随着中国粮食产量接近"天花板"，必须发挥减少粮食产后损失与浪费对保障国家粮食安全的重要作用。

人们对粮食损失和浪费的关注源起粮食危机。2008年世界粮食价格疯涨，粮食危机席卷全球，有"世界粮仓"美誉的美国也未能在此次危机中幸免。为应对粮食危机，许多专家和学者提出多项富有建设性的意见和建议，其中就包括减少粮食产后损失和浪费。2015年9月，联合国在可持续发展目标议程（Sustainable Development Goals Agenda）中加入"到2030年全球粮食浪费减半，损失

---

① 资料来源：《粮食安全有保障、生猪产能在恢复——农业农村部部长韩长赋"部长通道"答记者问》。

大幅减少"的目标（UN，2015）。此举引发世界各地的政府机构和研究人员关注粮食损失和浪费问题。同年，中国国家粮食局启动粮食公益性行业科研专项——粮食产后损失浪费调查及评估技术研究，专门针对粮食产后系统（包括收获、干燥、农户储粮和消费等在内的 8 个环节）进行损失和浪费调查，建立了中国粮食产后损失浪费评价指标体系。研究的主要目标就是全面了解和掌握中国粮食产后损失和浪费情况，从减损视角为保障国家粮食安全提供对策建议（赵霞等，2015）。

根据联合国粮农组织（FAO）估计，全球每年损失和浪费的食物约 13 亿吨，占总消费量的 1/3（FAO，2011）。每年损失和浪费的食物相当于浪费粮食生产投入中 24% 的水、23% 的耕地和 23% 的化肥（Kummu 等，2012）。中国粮食损失和浪费问题也相当严重，不容忽视。数据显示，2010 年中国的食物浪费总量为 1.2 亿吨，相当于浪费 2.76 亿亩的土地、458.9 万吨的农用化肥和 316.1 亿吨的水（胡越等，2013）。如若采取有效的减损措施，减少粮食损失和浪费，不仅意味着粮食供给数量的直接增长，还能避免水、土地和化肥等资源的无端消耗，能缓解环境和资源压力，是进一步保障中国粮食安全的"绿色"手段（曹芳芳等，2018a）。

1.1.1.3 农户储备关键性

在粮食产后系统中，农户地位举足轻重。农户不仅扮演着粮食生产者的角色，还是粮食储备者、销售者和消费者（罗屹等，2019）。农户粮食生产、储备和销售等经营行为对中国粮食市场的平稳运行产生重大影响。在漫长的历史中，农户为了规避风险、防灾备荒，在收获后会储备一定数量的谷物。虽然随着经济发展和粮食市场发育的完善，部分农户离地离农，从宏观层面来看，中国农户储备数量逐渐降低。但是，受传统农耕文化影响，中国广大小农户依然沿袭着上千年的生产生活习惯，依靠"自产—自储—自用"的模式满足家庭粮食需求；另外，部分农户为平滑收入，会储备一定数量的销售用粮。现阶段，农户家庭粮食储备数量占当年粮食量的 40%～50%，是中国粮食储备体系的重要组成部分（张瑞娟和武拉平，2012a；吕新业和刘华，2012）。

中国农户规模小，按户计算，每户的粮食储备数量较少，但农户的粮食储备行为对国家粮食安全影响巨大。如果能够合理运用农户储粮，可以较好地应对粮食市场波动，同时也能缓解国家和地方的粮食储备压力；如果放任农户收获时大量销售，将农户日常粮食消费需求推向市场，可能会对粮食价格和粮食市场造成冲击，不利于国家粮食安全。因此，发挥农户粮食储备的重要作用，有利于保障国家粮食安全。

然而，相比于欧美等发达国家和地区，中国农户家庭储备设施较为简陋，多数农户缺少先进的储备设施和科学的储粮技术，储备损失严重（罗屹等，2020b）。数据显示，农户储备损失是粮食产后损失的重要来源；并且，在储备过程中，粮食霉变、污染情况严重，粮食质量损失不容忽视（Sheahan等，2017）。中国政府为改善农户家庭储粮条件，减少农户储粮损失，专门实施了"科学储粮工程"等财政支农项目，为农户提供财政补贴，鼓励农户采用先进的储备设施（李慧，2014）。在当今农业技术条件下，中国农户粮食储备环节损失现状如何？什么因素与农户储备损失关系密切？政府实施的一系列减损工程是否达到预期目的，产生了何种效果？同时，储备损失造成农户可用粮食数量直接减少，相当于经济损失；那么，储备损失是否会影响农户储粮决策？对此，本书尝试以农户储备损失为出发点和切入点，构建一个经济学分析框架，研究上述问题。

1.1.2 研究意义

1.1.2.1 理论意义

本书的理论意义体现在对农户粮食储备决策研究的重要拓展。储备损失也是经济损失，势必影响农户决策。现有关于农户粮食储备决策的研究主要集中在价格、利率、流动性约束和交易成本等方面，基于前人的研究成果，本书尝试从理论上分析储粮损失对农户粮食储备决策的影响，拓展农户粮食储备决策模型，丰富相关研究。

1.1.2.2 现实意义

本书的现实意义体现在：第一，中国粮食供需长期处于紧平衡，然而，中国粮食产量已经接近"天花板",必须发挥减损对保障国家粮食安全的重要作用。那么,全面、准确、客观地评估农户储粮损失是制定政策的先决条件。第二,农户家庭储备是国家粮食储备体系的重要组成部分,深入分析储粮损失对农户粮食储备行为的影响,有利于更好地发挥农家储备对调节粮食价格波动、实现粮食供需平衡的"稳定器"和"蓄水池"作用。

1.2 研究目标和研究内容

1.2.1 研究目标

本书的总目标是利用全国大范围、代表性调研数据测算中国农户储备损失,分析农户储备损失的主要影响因素,从理论和实证两方面考察储粮损失对农户粮食储备决策的影响,并评估采用先进储粮设施对农户储粮损失和储粮行为的影响。具体目标包括:

第一,分品种、地区和储备设施测算中国农户储粮损失,并评估减损对粮食安全和节约资源的影响。

第二,实证研究影响农户储粮损失的重要因素,在此基础上,考虑经营规模对农户储粮损失的影响,分析不同经营规模农户储粮损失的影响因素;同时,在模型中引入规模变量,估计储备规模对农户储粮损失的影响是否显著,并检验规模与损失之间是否存在非线性关系。

第三,通过数理分析,将储粮损失内生化,引入农户粮食储备决策模型,研究储粮损失对农户玉米储备决策的影响。

第四,实证分析影响农户采用先进储备设施的因素,并评估采用先进储备设施对农户储备损失和储备行为的影响。

1.2.2 研究内容

根据上述研究目标，本书主要研究内容如下：

研究内容一：中国农户储粮损失测算及减损效果评估。一方面，利用全国大范围、有代表性的一手调研数据，分品种（如水稻、小麦、玉米、大豆和马铃薯等）测算中国农户储备损失，并对比不同区域、不同储备设施条件下的农户储备损失。另一方面，根据农户储粮损失测算结果，结合相应减损标准，评估减少农户储粮损失对国家粮食安全和资源节约的影响。

研究内容二：中国农户储粮损失影响因素分析。本部分旨在回答在当前农业技术水平下，哪些因素对农户储粮损失产生重要影响？不同地域、不同规模农户储粮损失影响因素是否不同？本部分结合前文的分析和前人的研究结果，以玉米为例，系统性分析影响农户玉米储备损失的主要因素；为验证结论稳健性，本部分变更估计方法，并将样本根据地域划分重新估计。同时，将农户按照规模划分，对不同经营规模农户储粮损失的影响因素进行对比分析，并验证规模和储粮损失之间是否存在非线性关系。

研究内容三：储粮损失对农户粮食储备决策的影响。基于一个嵌入储粮损失的跨期决策模型，从理论上推导储粮损失对农户粮食储备决策的作用机制。在此基础上，建立计量经济模型，以玉米这一重要的粮食作物为例，实证检验储粮损失对农户玉米储备规模、储备时长的影响。另外，储粮损失既是影响农户储粮决策的重要因素，也是农户储粮行为的结果，可能存在内生性问题，本部分采用"农户家庭距最近城镇距离"和"晾晒环节天气情况"作为储粮损失的工具变量，并使用两阶段最小二乘法重新估计模型，验证结论稳健性。

研究内容四：农户先进储备设施采用及其对储备损失和储备行为的影响。改进储备设施是减少储粮损失的重要措施。本部分首先分析影响农户采用先进储备设施的因素。其次运用倾向性得分匹配法（PSM）评估先进储备设施对农户储备损失和储备行为的影响。主要结果变量包括：储粮损失、储粮时长、鼠害严重程度、化学药剂使用以及农户市场购粮行为。最后基于先进储备设施的减损效果，结合农户购买先进储备设施的成本，对采用先进储备设施的成本收益进行分析。另外，由于倾向性得分匹配法不能基于未观察到的异质性消除选择性偏误，本部分通过双样本 t 检验、比较准 R^2（Pseudo R^2）和似然比检验的 p 值、检查倾向得分图以及平均绝对标准误（MASB）检验匹配效果，并采用 Rosenbaum 边界法进行敏感性分析，验证结论稳健性。

1.3 研究方法、数据来源和技术路线

1.3.1 研究方法

针对上述研究内容，本书以计量实证分析为主，并结合描述性统计、对比分析等方法对中国农户储备损失问题进行研究。主要研究方法如下：

1.3.1.1 运用调研访谈法和案例研究法相结合的方式收集数据

本书使用的数据来自全国范围的大规模农户调研。在问卷设计、数据收集和分析研究阶段，也对相关专家进行访谈，完善研究方法，开拓研究思路。同时，在大规模调研之前还进行了小规模的预调研，运用案例研究法对问卷进行修改和完善。

1.3.1.2 统计分析法

该方法主要用于测算不同品种、不同区域和不同储备设施条件下的农户储粮损失；并且，在减损模拟时也运用该方法评估减损对中国粮食安全和资源节约的影响。同时，本书对农户个体特征、社会经济特征、粮食生产特征以及计量经济模型中包含的主要变量进行描述统计，归纳并总结数据的基本特征。

1.3.1.3 比较分析法

本书在统计分析和实证分析中多次运用比较分析法。例如，在分析农户储粮损失时，比较了不同品种、不同储备设施和不同区域的农户储粮损失差异。在实

证分析时，对不同地区和不同规模农户的玉米储备损失影响因素进行比较，提炼共性和个性因素。并且，本书也采用更换估计方法并比较估计结果，检验结论稳健性。

1.3.1.4　计量分析法

计量分析法是本书的主要研究方法。针对不同的研究内容，本书运用多种计量方法，主要包括：

第一，农户储粮损失影响因素实证检验——Fractional Logit 模型。

$$Loss_i = \alpha_0 + \alpha_1 Storage_i + \alpha_2 Famliy_i + \alpha_3 SC_i + \gamma Location_i \tag{1-1}$$

通过构建农户储备损失影响因素模型分析影响农户储粮损失的主要因素。模型包含的主要变量包括农户家庭特征、储备特征及社会经济特征三类。由于模型的因变量——储备损失率是一个取值为 [0，1] 的百分数，传统回归方法，如普通最小二乘法（OLS）可能无法进行无偏有效一致估计。因此，本书采用 Fractional Logit 方法估计农户储备损失影响因素模型。同时，本书也采用 Tobit 估计和分样本估计的方式进行稳健性检验。另外，按耕地面积将农户三等分，对不同经营规模农户玉米储备损失的影响因素进行对比分析；并采用分位数回归和在模型中加入储备规模二次项的方法，验证规模和储粮损失之间是否存在非线性关系。

第二，考虑储粮损失的农户储粮决策模型——分位数回归和两阶段最小二乘法。

$$storage_i = \alpha_1 + \alpha_2 harvest_i + \alpha_3 \delta_i + \alpha_4 market_i + \alpha_5 L_i + \alpha_6 P_i + \alpha_7 \sum others_i + \mu \tag{1-2}$$

通过数理分析，本书将储备损失内生化，引入农户储备决策模型。模型的因变量为玉米储备数量的对数，自变量包括储备损失、玉米产量、收获期价格、流动性约束以及农户个人和家庭特征。模型的预期结果是储粮损失越大，农户储粮规模越小。

普通最小二乘法（OLS）只能估计各因素对储备数量均值的影响，无法全面观察各因素对不同分布下的农户储备数量的影响。因此，本书采用分位数回归（Quantile Regression）对模型进行估计。分位数回归法主要考察不同分位数水平下的自变量对因变量的解释程度，能够描述解释变量对不同分位数下的被解释变量的影响，并且不要求误差项为正态分布。另外，分位数回归结果不易受极端值的影响，因而更加稳健。

由于储备损失既是影响农户储备决策的重要因素，也是农户储备行为的结果，可能存在潜在的内生性问题。为解决内生性问题对估计结果的影响，同时检验结论的稳健性，本书使用"农户家庭距最近城镇距离"和"晾晒环节天气情况"作为储备损失的工具变量，并使用两阶段最小二乘法（2SLS）对模型进行估计。

第三，考虑储粮损失的农户玉米储备时长研究——Ordered Probit 模型。

该模型的因变量为玉米储备时长，模型的自变量与考虑储粮损失的农户储粮决策模型类似，包括储粮损失、收获期价格、流动性约束及农户个人家庭特征等变量。被解释变量 T_i 取值是 1、2、3、4 和 5 的排序变量。其中，$T_i=1$ 代表农户家庭储备时间在"3 个月以下"，$T_i=2$ 代表"4~6 个月"，$T_i=3$ 代表"7~9 个月"，$T_i=4$ 代表"10~12 个月"，$T_i=5$ 代表"12 个月以上"。因此，T_i 的数值越大表明农户储备时间越长。基于此，在研究储备损失对农户玉米储备时长的影响时，选用有序（Ordered Probit）模型进行估计。

第四，科学储粮工程的减损效果分析——倾向性得分匹配法（PSM）。

本书采用倾向性得分匹配法评估政府科学储粮工程的减损效果。主要考察农户采用先进储备设施对农户储备损失、储备时长等结果变量的影响。具体步骤为：①使用 Logit 模型估计农户采用先进储备设施的倾向得分或条件概率；②通过三种不同的匹配算法（近邻匹配、核匹配和半径匹配）匹配倾向得分，匹配后，进行匹配效果检验，并计算平均处理效应（Average Treatment Effect of the Treated，ATT）；③进行敏感性检验，验证结论稳健性。

1.3.2 数据来源

本书使用的数据主要来自一手调研，并补充了部分二手数据。一手数据来源于 2015 年粮食行业公益性科研专项"粮食产后损失浪费调查及评估技术研究"在 2016~2017 年的专题调研。二手数据主要来自农业农村部农村固定观察点、《中国统计年鉴》、《中国农业年鉴》、《中国农村统计年鉴》和国家粮食局等。

为评估中国农户粮食产后损失和浪费情况，2016 年，研究团队与农业农村部农村固定观察点办公室合作，采取分层随机抽样法从农业农村部固定观察点样本框中随机抽取农户（未纳入牧户），然后委托经过培训的专业调研人员进行入户调查。调查的内容包括农户 2015 年度的粮食生产、储备、消费以及损失浪费信息。最终，将调查获取的损失数据与农业农村部固定观察点已有的农户个人和家庭数据合并，形成"农户粮食产后损失与浪费"数据库①。

入户调查的范围涵盖除香港、澳门、台湾、上海、海南和西藏外的 28 个省份，覆盖全部 13 个粮食主产省份和各品种的重要生产省份，数据代表性较强。具体抽样方式如下：第一，研究团队基于农作物种植区域分布和重点关注粮食主产省的原则，按照农作物产量选择调研省份、城市和乡村，共挑选 217 个调研村；第二，在每个村中，由调查员随机走访 10~40 户农户（均为固定观察点农户且不包括牧民）；第三，从 20398 个固定观察点样本框中获得 3490 份有效样本②。

为完善问卷，研究团队于 2016 年在石家庄藁城区进行预调研。为保证数据质量，在调研前，研究团队于 2016 年 4~5 月对调研人员进行了两次集中培训，并提供调研手册（细则）；在调研后，研究团队组织专业人员对问卷进行复核，保证调查数据的可靠性。

1.3.3　技术路线

本书的技术路线如图 1-1 所示。

---

①　为了配合本书，农业农村部固定观察点办公室向研究团队开放了 2015 年的常规数据。研究团队以"省码+村码+户码"为匹配码（ID），匹配调研数据与固定观察点常规数据，合并形成"2015 年粮食产后损失与浪费"数据库。

②　共抽取 4170 户发放问卷，收回问卷 3739 份；合并数据时，249 份问卷无法匹配，最终获得 3490 份有效问卷。

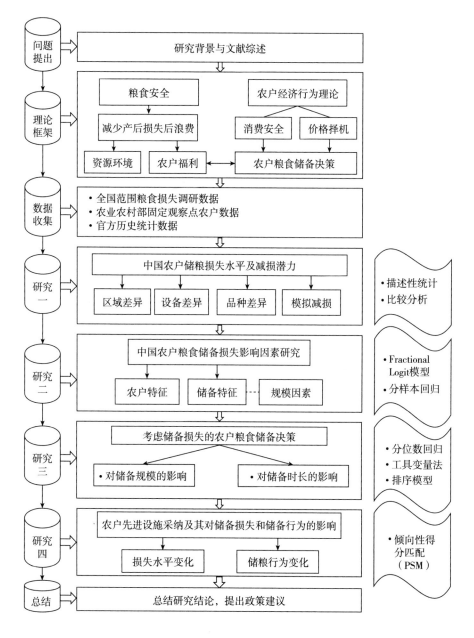

图 1-1　本书的技术路线

由图 1-1 可知，本书按照如下技术路线和逻辑关系展开研究：第一，根据文献综述发现现有研究对粮食产后损失的关注不足，加之农户储备在中国粮食产后系统中的重要地位，本书通过大范围入户调查获取农户粮食储备损失微观数据，测算中国农户储粮损失及减损潜力，有利于理解和掌握现阶段中国粮食产后损失的现状。第二，为提出针对性减损政策提供研究支持，本书在损失测算的基础上，运用计量经济模型分析农户储粮损失的主要影响因素，突出重点、抓住关键，更好地发挥减损对保障国家粮食安全的作用。第三，考虑到储备损失也可以被视为农户的经济损失，其势必影响农户的行为决策。因此，本书将储备损失引入农户储备决策模型，考察储备损失对农户储备行为（储备数量和储备时长）的影响，有利于更好地发挥农户储备"蓄水池"和"稳定器"的作用。第四，由于储备损失与技术水平关系密切，并且中国政府实施科学储粮工程，推广先进储粮装具，改善农户储粮条件。本书的第四个主要内容为政策效果评估，即评估先进储备设施对农户储备行和储备损失的影响，运用计量经济模型精准评定政府"科学储粮工程"是否达到了预期效果，以便为后续政策优化提供经验证据。玉米是中国粮食作物中产量最高的作物，玉米产量占粮食总产量的比例连续多年超过30%；同时，玉米主要用作饲料，市场化程度较高，因此，在实证分析环节，本书选择玉米作为研究对象，具有典型性和现实意义。

1.4 研究创新与研究不足

1.4.1 研究创新

结合现有文献，本书可能的创新有以下几个方面：

第一，研究视角创新。现有关于粮食安全的研究主要聚焦粮食生产、流通和粮食政策等方面，对粮食损失和浪费的研究不足。本书从农户储备损失视角切入，评估减少农户储粮损失对国家粮食安全和资源环境的影响，丰富粮食安全领域的研究，为更好地保障国家粮食安全提供研究支持。

第二，研究内容创新。①现有关于农户储备损失的研究多为定性分析，缺少定量研究。本书综合考虑多方面因素对农户储粮损失的影响，并利用 Fractional Logit 模型实证分析影响农户玉米储备损失的相关因素；研究重点关注储备规模、储备设施对储粮损失的影响，实证验证储备规模与储备损失之间的"U"型关系。②现有关于农户粮食储备行为的分析主要集中在利率、价格、流动性约束以及交易成本等方面，基于前人的研究成果，本书将储粮损失引入农户粮食储备决策模型，丰富农户粮食储备行为的相关研究。③现有研究对农户粮食储备时间的探讨较少，本书运用计量经济模型对影响农户储粮时间的因素进行深入研究。

第三，研究方法创新。由于储粮损失既是影响农户储粮决策的重要因素，也是农户储粮行为的结果，可能存在内生性问题。本书采用农户家庭距最近城镇距离和晾晒环节天气情况作为储粮损失的工具变量，解决潜在的内生性问题，验证结论稳健性。并且，现有关于先进储粮设施的效果评估研究，多数只是描述性分析；本书运用倾向性得分匹配法（PSM）评估先进储粮设施对农户玉米储备行为和储备损失的影响，得到更为可靠的结论。

1.4.2　研究不足

受限于样本数据和自身研究能力，本书还存在以下不足。

第一，样本数据虽来自全国 28 个省份的 3490 户农户，但具体到农户储备损失样本，仅有 2000 余份。本书所使用的玉米储备损失样本也仅有 1200 份左右，平均每个省份少于 50 份，样本的代表性仍存在提升空间。并且，数据获取的主要方法为农户访谈法，由受访户户主或家庭决策者回答相关问题，在回忆具体数据时可能存在一定的误差，导致数据准确性存疑。

第二，研究数据为一轮调研数据，即截面数据，不能很好地反映中国农户储备损失的动态变化趋势；同时，真正对农户储备行为产生影响的可能不是横截面的储备损失的差异，而是来自储备损失率的变化。因此，受限于数据，构建的计量模型有可能遗漏部分变量，例如农户风险偏好、政府政策，这在一定程度上会影响估计结果。

第三，本书使用农户家庭距最近城镇距离和晾晒环节天气情况作为储备损失的工具变量解决储备损失和被解释变量之间的内生性问题，但工具变量更深层次内在影响机制，以及是否存在更加合理的工具变量还需进一步讨论。例如，"家庭距最近城镇距离"在"排他性约束"上存在争议。即"家庭距最近城镇距离"不一定仅能通过"储备损失率"来影响"储备数量"，还存在"运输成本"等其他路径。这些问题都有待进一步完善。

第2章　理论框架和文献综述

　　2016 年，中国粮食总产量结束历史性连续增长。从生产端来看，随着中国劳动力工资和农资价格持续抬升，加之水土等资源束缚，中国粮食产量已经接近"天花板"，增长空间有限（Huang 等，2017；Zhu，2011；曹芳芳等，2018a；曹芳芳等，2018b；黄东等，2018；农业部农业贸易促进中心课题组等，2016）。然而，随着人民生活水平提高和消费结构升级，中国粮食需求仍将维持增长态势（李国景，2019；吴乐，2011）。粮食供需长期处于紧平衡已是公论（吕新业和冀县卿，2013；马永欢和牛文元，2009）。在产量增长受限情况下，必须发挥减少粮食产后损失和浪费对保障国家粮食安全的积极作用。目前，关于粮食损失和浪费的研究集中于非洲、南亚等落后国家和地区，对中国粮食损失和浪费问题研究不足，也缺少对中国农户粮食储备损失问题的分析。根据研究内容，本章首先对研究所涉及的主要概念进行说明，其次梳理关于农户行为、粮食储备及粮食损失和浪费的相关理论和研究，最后评述潜在的研究方向并阐述本书的核心内容。

2.1　概念界定

2.1.1　粮食

食物、谷物、粮食三者之间的内涵和外延存在联系与区别，明确定义粮食的概念是确定本书的研究对象和研究范围的前提。根据联合国粮农组织（FAO）的统计口径，日常生活中的粮食统称为 Grain，即谷物，主要包括小麦、粗粮（含玉米、大麦和高粱）及稻谷等作物。美国农业部（USDA）粮食统计涵盖的作物包括水稻、玉米、小米、小麦、黑麦、燕麦、大麦、高粱及混合粮食等[①]。中国国家统计局的粮食统计口径按时间划分为夏粮、早稻和秋粮；按作物品种划分为谷物、薯类和豆类[②]。在"粮食产后损失浪费调查及评估技术研究"专题调研中，根据"突出重点、全面掌握"的原则，既纳入了水稻、玉米和小麦三种主要的粮食作物，也调查了豆类（大豆）、薯类（马铃薯、红薯）和油料（油菜籽等）作物的相关信息。在损失测算时，本书根据实际调研情况，聚焦于三大主要粮食作物（稻谷、玉米和小麦），并介绍了其他几类粮油作物的相关信息；在实证分析中，本书以玉米为例，分析农户储备损失及相关问题。

2.1.2　粮食产后系统

从产业链视角来看，粮食产后系统可以划分为生产、流通和消费等环节。根据粮食从生产到消费所流经的路径，中国的粮食产后系统可以划分为包括收获、储备和消费在内的七大环节（赵霞等，2015）[③]。由于农户储备在粮食产后系统中居于核心地位，起着承上启下的作用[④]。因此，储备环节可以被进一步分解为农户储粮和储备，即中国粮食产后系统共有 8 个环节。

2.1.3　农户储粮

学术界对粮食储备的定义比较宽泛，研究多采用粮农组织（FAO）的定义。即进入新的作物周期时，农户从以往周期中继承的所有粮食。这一定义也被称作结转储备（马九杰和张传宗，2002）。通俗而言，农户的粮食储备指进入新的作

---

① 资料来源：美国农业部 PSD 数据库，http：//apps. fas. usda. gov/psdonline/psdHome. aspx。
② 资料来源：国家统计局。
③ 其他环节包括干燥、加工和运输等。
④ 根据中国国家粮食局的统计数据，大约有 50% 的粮食储备在农户家庭层面。

物年度时，农户家庭可以使用自己往年生产所遗留的粮食数量，包括以销售为目的的商业库存以及以消费为目的的后备储备（柯炳生，1996）。在研究中，多数学者使用农户年末粮食储备量作为衡量农户储粮数量的指标，该指标既包括以销售为目的的商业库存，也包括后备储备（任红燕和史清华，1999；史清华和徐翠萍，2009；张瑞娟等，2014；张瑞娟和武拉平，2012a）。另外，也有一些学者使用农户存粮可供消费的月数、储粮数量占粮食产量之比和年平均储备量等指标衡量农户粮食储备（吕新业和刘华，2012；武翔宇，2007；余志刚和郭翔宇，2015）。在实证分析储备损失对农户储备决策的影响时，本书使用收获后粮食储备数量和粮食储备时长作为农户粮食储备的显示指标。其中，收获后储备是指收获环节结束后，进入农户储备环节的粮食数量，即入仓数量。

2.1.4　粮食产后损失

粮食产后损失是指在粮食产后各环节中出现的，所有改变粮食原本使用目的[①]，使粮食数量减少或质量降低，导致粮食价值降低的结果（FAO，2011）。从概念来讲，在生产中去除的不可食用部分（比如谷壳）并不属于粮食损失。在部分研究中，由于消费环节的重要性，人们对粮食损失和浪费的概念界定存在争议。部分学者认为粮食损失发生在产业链前端（生产、储备等），而粮食浪费发生在消费端，因此，粮食浪费并不等同于粮食损失（Affognon 等，2015）。也有学者认为，粮食损失和浪费的区别在于产生的原因和人的主观意识，即粮食损失多数缘于技术不达标，而浪费是人类意识和行为的结果（"有意为之"），属于道德层面（张健等，1998）。相对以往严格区分粮食损失和浪费的研究，Bellemare 等（2017）利用生命周期评价法（Life Cycle Assessment，LCA）系统地估计粮食损失和浪费。这拓展了以往将粮食损失和粮食浪费严格按照损失或浪费发生环节划分的研究。从损失和浪费的影响来看，"损失"和"浪费"都是指粮食或食物被遗弃的结果，详细划分和讨论损失和浪费的区别并无意义（Sheahan 等，2017）。

---

① 比如原本供人类食用的粮食作为饲料使用。

粮食损失的度量指标包括数量和质量（Sheahan 等，2017）。现有研究较多评估粮食损失的量，也就是重量；还有研究将粮食数量损失转化为营养损失，用卡路里等营养指标作为单位衡量粮食损失与浪费，该方法增加了高热量（或其他营养元素）食品在粮食损失与浪费中的"权重"（Lipinski 等，2013）。虽然研究人员对粮食生产、流通和消费过程中的质量损失兴趣盎然，但由于数据获取困难，目前仅停留在讨论层面。本书聚焦于农户储备环节的粮食数量损失①，在实证分析中使用损失率（损失率=损失量/储备量）作为粮食储备损失的显示指标。

2.2 相关理论

农户行为理论为本书的基础性理论。农户不仅是一个单纯的生产生活单位，也是一个从事农业经营活动的生产组织。本书从储粮损失视角切入，分析储粮损失对农户粮食储备决策的影响；并且，在评估先进储粮设施对农户储粮损失和储粮行为的影响之前，对影响农户是否采用先进储粮设施的因素进行分析，以上内容均属农户行为理论的一部分。

西方经济学在发展过程中逐渐延伸、拓展到各部门。在农业领域，部分经济学家通过观察、研究和分析农户的生产、生活及经营等经济行为，逐步建立农户经济行为理论体系。由于不同经济学家对农户行为的假设不同，农户行为理论大致可分为理性小农学派和自给小农学派。在西方经济学思想传入中国后，中国的学者或国外学者基于中国的现实情况，对中国的农户行为进行了详尽的分析。在分析农户行为时，最经典和最成熟的方法当数农户模型。

2.2.1 农户模型

农户模型是研究微观农村经济的基础，最初用于分析价格政策对农户行为

---

① 在调研过程中，根据损失源，将粮食储备损失划分为三类，即虫害、鼠害和霉变。

的影响（张林秀，1996）。现在，该技术已经运用到技术采用、人口迁移等领域。

农户模型最常用于分析下述农业系统的经济行为：①存在剩余的家庭生产型农场，以小业主农场为代表。②自给自足型家庭农场，典型特征为小型且生产率低，经常在边际条件和不完整的市场中运行。③出租和共享农作物农场。④由所有者经营的商业农场，生产供国内消费以及农用工业和出口食品市场（宋圭武，2002）[①]。

农户家庭具有生产者和消费者的双重角色，家庭做出的生产、分配和消费决策可能相互影响。大部分农户模型是静态的，假设家庭风险中性（陈传波和丁士军，2003）。农户为了实现效用最大化，面临一系列约束。通常的约束条件包括现金收入、固定生产性资产、生产技术以及投入、产出和消费品价格（翁贞林，2008）。对于任何一个生产周期，农户行为可用下列表达式反映：

$$MaxU = U\ (X_a,\ X_m,\ X_l) \tag{2-1}$$

式（2-1）表示农户效用最大化的影响因素，包括农户生产的产品（X_a），从市场上交易而得的产品（X_m）以及农户对闲暇时间的需求（X_l）。

限制条件为式（2-2）至式（2-4）：

$$Q = Q\ (A,\ L,\ V) \tag{2-2}$$

$$T = X_l + T_1 \tag{2-3}$$

$$P_m X_m = P_a\ (Q-X_a)\ -w\ (L-T_1)\ -P_v V \tag{2-4}$$

式（2-2）表示生产限制，Q 为总生产量，受农户耕地面积（A）、农户投入生产的总劳动时间（L）和农户生产中的可变物质投入（V）影响。式（2-3）为农户时间限制条件，T 表示农户可用劳动时间，等于农户生产时间（T_1）和休闲时间之和。式（2-4）表示农户的现金约束条件，其中，P_a 表示农产品的价格，P_m 表示买入商品的价格，P_v 表示投入品的价格；（$Q-X_a$）表示农户在市场上出售农产品的数量，（$L-T_1$）表示农户出卖劳动力赚取工资性收入所投入的时

① Singh I, et al. Agricultural Household Models［M］. Baltimore：Johns Hopkins University Press, 1986.

间（该值取值为负时意味着农户雇佣工人，该值取值为正时表示农户受雇于人），w 为工资。

将式（2-3）和式（2-4）合并，可以得到农户支出约束，即将式（2-2）代入式（2-4），将 Q 替代，并将式（2-3）代入式（2-4），则可以将消费经济学模型中的"总收入"概念引入等式，即：

$$P_mX_m+P_aX_a+wX_1=wT+P_aQ-wL-P_vV \qquad (2-5)$$

式（2-5）的左边表示总支出，P_mX_m 表示农户在市场上购买商品的金额，P_aX_a 表示农户购买自己生产的产品所支付的金额，wX_1 表示农户时间（包括劳动和闲暇）支出。等式右边表示总收入，是纯收入（$P_aQ-wL-P_vV$）与劳动时间储备的价值（wT）的和。

在式（2-5）所形成的系统中，农户为实现单项目标的效用最大化做出决策。以生产为例，假设农户在确定利润的前提下能够决定自己的劳动力供给和收入情况。基于利润最大化假设，可以计算农户的劳动力供给条件[1]：

$$\frac{\partial Q}{\partial L}=w/P_a \qquad (2-6)$$

该方程的解为：$L^*=L^*$（w，P_a，A，V），将这一解代入式（2-5）可得：

$$P_mX_m+P_aX_a+wX_1=Y^* \qquad (2-7)$$

其中，Y^* 表示基于利润最大化假设下的农户总收入。

通过此条件，可知，农户实现效用最大化的条件是：

$$\frac{\partial U}{\partial X_m}=\lambda P_m \qquad (2-8)$$

$$\frac{\partial U}{\partial X_a}=\lambda P_a \qquad (2-9)$$

$$\frac{\partial U}{\partial X_1}=\lambda w \qquad (2-10)$$

$$P_mX_m+P_aX_a+wX_1=Y^* \qquad (2-11)$$

---

[1] 即一阶导数为 0。

该组方程的解为需求曲线：

$$X_i = X_i \ (P_m, \ P_a, \ P_v, \ w, \ Y^*) \tag{2-12}$$

其中，$i = m, a, v, l$。从式（2-12）可以推出农户需求（包括农户对产品和生产资料的需求）由商品价格、其他产品价格、工资和收入决定。同时，农户的生产活动也将影响农户收入 Y^*，而农户的消费水平或消费决策又受自身的收入条件限制。换言之，农户的生产行为将影响农户的消费决策。这样一来，农户的生产、消费特征就构成了一种循环往复的互动关系。区别于传统的需求模型，农户需求模型不仅体现出当市场价格升高时，农户需求下降；还意味着当市场价格上涨时，利润增加也会影响农户需求（张林秀，1996）。当式（2-12）表示价格上涨的影响时，则有：

$$\frac{dX_a}{dP_a} = \frac{\partial X_a}{\partial P_a} + \frac{\partial X_a}{\partial Y^*} \ \frac{\partial Y^*}{\partial P_a} \tag{2-13}$$

其中，$\dfrac{\partial X_a}{\partial P_a}$ 表示需求受价格影响，$\dfrac{\partial X_a}{\partial Y^*}\dfrac{\partial Y^*}{\partial P_a}$ 表示价格影响利润，也意味着总收入影响需求。从式（2-13）可以推导出：

$$\frac{\partial Y^*}{\partial P_a} dP_a = \frac{\partial \pi}{\partial P_a} dP_a = Q dP_a \tag{2-14}$$

式（2-14）表明，农户利润受商品价格上涨影响的程度等于产量乘以产品价格增量；并且，该值一定为正。这意味着，由于价格上涨造成利润增加的正向影响将会部分或全部消除由于产品价格上涨造成需求下降的负向影响[①]。

上述估计方式的一个基本假设是：农户所处的是一个完全竞争市场，即劳动力自由流动、商品是同质的。然而，这与绝大多数发展中国家的现实情况不符。农户生产和消费相互影响是因为小农生产具有自给或半自给性质。如果假设农户的生产、消费和劳动力供给等决策是互相影响的，那么，可以使用拉格朗日方法求解由式（2-1）、式（2-2）和式（2-5）组成的方程组，来解决农户效用最大

[①]　当且仅当生产与消费互相影响的情况下，这种关系才能被体现。这是农户模型在分析农户行为方面优于传统供给和需求模型的原因。

化问题，可得：

$$G = U（X_a，X_m，X_l）+λ（wT+P_aQ-wL-P_vV-P_mX_m-P_aX_a-wX_l）+$$
$$\qquad μQ（A，L，V） \tag{2-15}$$

对该方程求一阶导数则有：

$$\frac{\partial G}{\partial X_a} = U_a - λP_a \tag{2-16}$$

$$\frac{\partial G}{\partial X_m} = U_m - λP_m \tag{2-17}$$

$$\frac{\partial G}{\partial X_l} = U_l - λ_w \tag{2-18}$$

$$\frac{\partial G}{\partial λ} = w（T-L-X_l）+P_a（Q-X_a）-P_vV-P_mX_m \tag{2-19}$$

$$\frac{\partial G}{\partial L} = λ（w-μQ_l） \tag{2-20}$$

$$\frac{\partial G}{\partial V} = λ（P_v-μQ_v） \tag{2-21}$$

$$\frac{\partial G}{\partial μ} = Q（A，L，V） \tag{2-22}$$

当一阶导数等于 0 时，可推导出关于农户消费、生产和劳动力供给的最优值。在多数研究中，为了方便对模型进行求解，一般假设农户生产和消费之间不存在循环影响的情况（陈和午，2004）[①]。主要原因在于：农户收入受生产的影响较大，农户的消费水平往往由其收入决定。因而，在通常的研究中，研究学者一般采取先独立估计生产函数，再估计消费函数的方法（李强和张林秀，2007）。

随着经济学家在农户行为研究上的日益深入，农户模型在国内外被广泛运用。目前，农户模型主要用于考察当外部情况发生变化时，农户行为的调整反应[②]。例如，彭军等（2015）将劳动和健康作为整体引入农户模型，分析农业生

---

① 即农户的消费行为会受到农户生产情况的影响，但是农户的消费决策却不会影响农户的生产行为。

② 这些情况包括社会、经济、市场和政策在内的诸多因素。

产中存在的"一家两制"现象①，发现处于低收入状态的农户为了节约投资会扩大可持续农业的生产，并且在不利于健康生产的水平上消费不可持续的农产品，从而出现反向"一家两制"；当收入增加到一定程度后，农户用不可持续农产品换取收入，用可持续农产品获取健康，从而出现正向"一家两制"。袁航等（2018）采用拓展后的农户模型分析农业效率对农户土地流转行为的影响机理，其研究揭示农地流转取决于农户农业效率的分布，不同的效率分布将产生不同的结果，农户农地流转行为既存在有效率的一面，也存在缺乏效率的一面。孙琳琳等（2020）建立农户模型，从理论上分析土地确权对农户资本投资的影响机制，并利用中国劳动力动态调查（CLDS）数据，使用 PSM-DID 方法分析发现土地确权提升农户土地承包经营权稳定性，促进农户的资本投资提升 20%。

2.2.2　理性小农理论

以舒尔茨（1987）为代表的经济学家认为小农并非愚昧且贫乏的，农户的经济行为是"贫穷而有效率的"。在传统农业范围内，小农户富有进取精神，并能够最大限度地利用生产资源；小农的目的是实现利润最大化（杨永华，2003）。舒尔茨的贡献在于肯定了小农的"经济人"假设。在此基础上，Popkin（1979）进一步阐明了小农行为的蕴意，认为在自然经济条件下，小农类似于资本主义中的"企业"或"公司"。小农通过权衡长期和短期收益做出合理的抉择，追求利润最大化。理性小农学派的主要观点是：在传统农业时期，生产要素的投资收益率基本平衡，农户的行为是完全理性的。因此，根据农户理性假设，当外部条件发生变化时，农户将合理配置资源，实现利润最大化。

不同于理性小农思想，以 Chayanov（1925）为代表的经济学家认为，农户与资本主义中的"企业"有着天然的区别。一方面，农户生产的首要目标是满足生存需要，并非实现利润最大化；农户的行为更接近于自给自足的自然经济，更

---

① "一家两制"是指农户自己不消费待出售的农产品，并用可持续农业的方式生产自己放心的农产品。即存在"为金钱而生产"和"为生活而生产"两种模式。

偏向于生产的最低风险（邓大才，2009）。另一方面，农户不雇用劳动力，其自身的劳动投入也不计为工资，无法核算成本（郑杭生和汪雁，2005）。因而，小农的最优化选择是劳动的辛苦程度与消费需求的平衡，而非成本和利润的平衡（谷树忠，1994）。Polanyi（1944）继承查亚诺夫的观点，从"制度"的角度批判了所谓的"功利的理性主义"，认为小农的经济行为一直伴随着传统的社会关系。例如，古代人与人之间的互助关系并不是出于追逐利润的动机。Scott（1976）进一步扩展了相关研究，提出了著名的"道义经济"命题，认为小农极度厌恶风险，强调生存逻辑。

随着中国市场化改革的深入，中国农业市场化改革取得了巨大成就，农户已成为市场中积极的生产经营主体，成为理性的决策者，本书的研究基于理性小农思想。

2.3 文献综述

根据研究内容，文献综述主要包括以下几个部分：第一，本书的研究对象是农户，文献综述首先展示中国农户经济行为的相关分析；第二，本书的主要内容为农户粮食储备，在文献综述的第二部分，总结农户粮食储备的相关研究；第三，本书的切入点是粮食损失，文献综述的第三部分梳理粮食损失的现有文献；第四，论述本书的研究思路与研究框架。

2.3.1 农户理论在中国的发展

由于社会结构和制度的差异，国外农户行为理论进入中国后引发了学者的激烈讨论。黄宗智（2000）认为，中国的农户既不是舒尔茨的《改造传统农业》中的纯粹利润追逐者，也不是查亚诺夫的《农民经济组织》中只满足生计的自给者。黄宗智（2000）对华北平原和长江三角洲农户的长期观察表明，农户家庭收入来源包括农业收入和非农雇佣收入，由于家庭本身不能解雇多余的劳动力，且小农经济是半无产化的，因此，中国农户的经济行为介于"理性"和"自给"之间。

以林毅夫（1988）为代表的经济学家倾向于将中国农户假设为理性人。尽管观测到的部分小农行为与现代企业的决策行为大相径庭，表现出非理性，但其本质上是受外部条件约束下的效用最大化，这恰恰是理性行为（史清华，1999）。虽然人们通常认为低收入农户的行为是败德的、非理性的。然而，有的研究表明，这只是小农在收入约束和风险多样性条件下的机会主义行为，这印证了舒尔茨的观点，即农户行为是贫穷而有效的（傅晨和狄瑞珍，2000）。

针对理性小农学派和自给小农学派的缺陷，部分研究人员结合新制度经济学提出的制度理性假说，即小农的行为因制度而异。在完全的商品经济制度下，农户追求最大化利润；在完全的自给自足制度下，农户追求最大化家庭效应；当介于两种制度之间的半商业化半自给情形时，农户的理性行为表现为既为社会生产又为家庭生产的双重性质（郑风田，2000）。

总体而言，因所处的外部环境和时代背景不同，国内外学者对农户行为的解释存在差异。农户行为的理性和非理性是对立统一的。本质上，农户行为是理性的，由于外部条件和个体差异造成了看似不理性的行为（宋圭武，2002）。同时，对于中国农户行为理论的研究应该考虑农户类型、收入层次、经济体制和社会环境等因素（李光兵，1992；宋洪远，1994；翁贞林，2008；张林秀，1996）。

2.3.2　农户粮食储备行为研究

国外学者对粮食储备问题的研究源起粮食价格波动分析。早期的研究主要集中在粮食价格对社会福利的影响。当时的研究人员试图论证稳定粮食价格可以增加社会总福利，采用的研究方法是比较静态分析法（普冀喆和郑风田，2016）。随着储备成本、理性预期、风险偏好等约束条件不断放松，商品储备模型（Competitive Model of Storage）逐渐成型。国外学者一般用动态规划的方法求解商品储备模型，用于分析粮食价格波动的特征（普冀喆和郑风田，2020）。目前，商品储备模型已经成为国内外研究产品市场的经典模型，被广泛应用到各个领域。

2.3.2.1 商品储备模型

商品储备模型能够很好地预测农产品价格变化并判断市场参与主体的行为反应，主要被用于模拟农产品市场。在众多商品储备模型中，最为经典和广泛运用的当数 Williams 和 Wright 于 1991 年提出的有供给反应的商品储备模型[1]。本部分以该模型为例，介绍商品储备模型的具体内容。

商品储备模型的基本假设是：商品市场是完全封闭的，并且市场中只存在一种可以储备的商品。因此，t 期市场中的消费者需求函数为：

$$P_t = \alpha + \beta q_t^{1-c} \tag{2-23}$$

式（2-23）中，P>0，P′（q）<0。

当年产量为：

$$x_t = \hat{x}\ (P_t^r)\ (1+\upsilon_t) \tag{2-24}$$

其中，P_t^r 表示生产者激励价格，等于生产者预期收益对产量求偏导；$\hat{x}$ 表示计划生产量，其决定因素为生产者激励价格；υ_t 表示生产过程中可能出现的不确定性，并且风险通过倍乘形式影响产品产量，其服从有限的独立同分布。

假定生产成本为 g，生产者 i 的目标是实现预期收益最大化，则：

$$E(\textstyle\prod_{it}) \equiv E[\,x_{it}P(q_t)\,] - g_i(\hat{x_{it}}) \tag{2-25}$$

私人储备的目的是实现自身利润最大化，具有竞争性。储备成本不仅包括购买粮食的金额，也包括储备粮食过程中所发生的物质成本和货币成本。用如下等式表示储备成本：

$$K\ (S_t) = \xi\ (S_t)\ + P_t S_t + r\ [\xi\ (S_t)\ + P_t S_t] \tag{2-26}$$

其中，ξ 表示储备的物质成本，将单位储备成本设定为 k，则有 $\xi\ (S_t) = kS_t$；r 表示利率，$r\ [\xi\ (S_t)\ + P_t S_t]$ 表示储备的货币成本。当且仅当总成本小于未来预期价格时，储备才能带来正收益。如果储备能够带来收益，私人储备者将会选择扩大储备数量，直到储备的利润等于 0。竞争性储备者的套利条件通过如

① Williams J C, Wright B D. Storage and Commodity Markets [M]. Cambridge：Cambridge University Press, 1991.

下等式表示：

$$P_t + k \geq (1+r)^{-1} EP_{t+1}, \quad S_t = 0 \tag{2-27}$$

$$P_t + k = (1+r)^{-1} EP_{t+1}, \quad S_t > 0 \tag{2-28}$$

粮食市场上当期社会总供给表示为：

$$I_t = x_t + S_{t-1} \tag{2-29}$$

式（2-29）说明，当期社会总供给等于该期的产量加上一期的储备数量，商品的消费量如下：

$$q_t = I_t - S_t \tag{2-30}$$

因此，市场供求关系将消费者、生产者和私人储备者联系起来，构成商品储备模型的基本框架。通过收集并计算产品（如粮食）市场的实际数据，可以得到模型中的参数，从而对模型进行求解。

2.3.2.2　中国农户粮食储备规模及结构

农户家庭储备是中国粮食储备体系的重要组成部分，关系到国家粮食安全。现有关于中国农户储备问题的研究，集中在以下几个方面：①中国农户粮食储备规模及结构。②农户粮食储备的动机。③农户粮食储备行为的影响因素。

改革开放至今，农户粮食储备规模呈现先增后减走势。改革开放初期，由于粮食产量增长，中国农户的粮食储备数量大幅增长，从 1981 年的 0.3 亿吨增长到 1995 年的约 0.9 亿吨（柯炳生，1996）。20 世纪末期，中国农户粮食储备数量延续之前的增长态势；1997 年，中国农户粮食储备量达 1.02 亿吨，1998 年增至 1.16 亿吨（孙剑非，1999）。进入 21 世纪后，随着社会经济稳步发展、城镇化加速推进和乡村基础设施改善，尤其是粮食市场化改革后，越来越多的农户依靠市场满足家庭粮食需求，农户粮食储备数量逐渐减少（史清华和徐翠萍，2009；史清华和卓建伟，2004；闻海燕，2004；张瑞娟和武拉平，2012b；张瑞娟，2013）。值得一提的是，自 1995 年以来，农户"储粮可用时间（可用时间=结存量/消费量）"也逐渐减少，表明农户家庭粮食安全由"自我保障"逐渐向"社会或市场保障"转换（魏霄云和史清华，2020）。

从结构来看，中国农户粮食储备呈明显的地域化特征，主要表现为南稻北麦。

2009 年，陕西省农户户均储粮 577 公斤，其中水稻 82 公斤，小麦 244 公斤，玉米 236 公斤，大豆 5.6 公斤（张颖，2010）。河南省农户调研数据显示，河南户均储粮 620 公斤，其中小麦 350 公斤，玉米 184 公斤，稻谷 77 公斤（曾广伟，2011）。广东省 34 个县的调查数据表明，广东省农户户均储粮 505 公斤，其中晚籼稻 427 公斤，早籼稻 78 公斤（广东省价格成本调查队，2015）。另外，从用途来看，粮食储备中种子占比明显降低，口粮和饲料占比变化较小（魏霄云和史清华，2020）。

2.3.2.3 农户粮食储备的动机

传统小农户储备粮食的基本动机是满足家庭粮食需求、保障家庭粮食安全（柯炳生，1996）。从历史视角来看，在数千年的封建统治中，广大小农户处于社会的最底层，经常遭受剥削和压迫。在这样的生存环境下，小农户形成"避免风险"的经营理念（柯炳生，1997）。由于农村社会保障制度缺失、土地集体所有、财政支持政策不完善、政府干预粮食市场以及频繁遭遇大饥荒，农户对粮食短缺极为恐惧（Crook，1996）。广大小农户将储备看作是一种生活储蓄，用于规避风险、保障生活；家庭储备是农户满足家庭粮食消费需求的主要渠道，农户储备粮食的主要目的依旧是防灾备荒（柯炳生，1997）。

Renkow（1990）利用 ICRISAT 20 世纪七八十年代在印度农村的调查数据实证检验半自给农业条件下的农户粮食储备的消费性动机，分析得出：粮食储备显著减少了农户对消费品的需求，并且减少了农户对市场的粮食供应；但是，其建立的粮食储备模型并未纳入农户风险态度变量，即没有考虑农户储备的目的和动机是预防风险（贾晋和刘杰，2012）。Saha 和 Stroud（1994）在 Renkow（1990）的基础上，在模型中加入了价格风险变量，同样利用 ICRISAT 的调查数据，建立农户粮食储备、销售和消费行为模型。Saha 和 Stroud（1994）的实证分析结果表明，农户并非风险中性。农户通过储备粮食预防非收获期间粮食价格可能出现的上涨，保障稳定的粮食消费。

然而，在一个完整作物周期中，不仅存在价格风险，而且存在产出风险（Park，1996）。因此，不同以往，Park 从平滑消费的视角建立动态规划模型，对农户粮食储备问题进行研究，发现当处于市场不完全和市场效率低下的环境中，农户储备粮食的主要动机是保障消费安全和最小化交易成本。不仅如此，在后续研究中，Park（2006）同时考虑了价格风险和产出风险，建立了一个更为完整的模型，研究农户在面对农业产出波动和粮食市场发育程度低的情况下如何选择生产、储备和销售，并利用中国贫困地区的调查数据验证了粮食对农户"预防性储蓄"的作用。即农户储备粮食的目的仍然是保障消费安全。虽然 Park 的模型比以往研究更进一步，但利用的是 1993 年的数据，时效性不强。2004 年，中国进行粮食流通体制改革，粮食购销市场化，农户的粮食生产经营行为很可能出现新情况，现有研究是否符合当前时代的特点还有待商榷。

与上述结论不同，Williams 和 Wright（2005）从市场的角度分析农户粮食储备的动机，其研究认为，农户储备粮食的主要目的是把握市场价格波动带来的利润，即投机是农户决定是否储备或储备多少粮食的主要影响因素。需要注意的是，Williams 和 Wright 的研究对象是发达国家农户，这些农户处于经济水平和市场发育程度较高的环境中，其结论可能并不能反映发展中国家农户的行为。

胡小平（1999）的研究认为，随着市场经济发展，市场供给预期和市场价格（包括现时价格和预期价格）是影响中国农户粮食储备动机的重要因素。但是，该研究仅从理论层面探讨了价格对农户粮食储备的可能影响，并未实证分析价格投机对农户粮食储备的影响程度。孙希芳和牟春胜（2004）发现，当农户预期到未来通货膨胀可能发生时，会对粮食产生"流动性偏好"，选择储备粮食。邹彩芬等（2006）也认为，那些对市场信息敏锐的种粮大户，会根据市场价格的变化伺机而动。因此，粮食储备除了备荒之外还具有保值增值的作用。

万广华和张藕香（2007）综合了前人的成果，得出中国农户粮食储备的动机是出于价格投机、消费安全和交易成本最小化三个方面的考虑，并利用跨期十年的面板数据，构建模型进行实证分析。研究表明，虽然中国农户粮食储备中出现了价格投机活动，但价格投机并不是主要的驱动因素，农户储备粮食的目的仍然是保障家庭粮食消费安全。

从以往的研究可以看出，由于经济水平和外部条件的不同，农户粮食储备的动机在消费安全和价格动机之间徘徊。经济发达、市场发育成熟的农户倾向于价格投机，而生产落后、市场不完善的农户倾向于消费安全。

2.3.2.4 农户粮食储备行为的影响因素

第一，在影响农户储粮行为的诸多因素中，收入因素首先被学者关注。一般而言，家庭收入对农户粮食储备的影响可以表述为：不同收入层次的农户具有不同的粮食储备行为。当农户收入处于较低水平时，随着收入增长，农户粮食储备数量增加；当农户收入处于较高水平时，收入与储备倾向呈负相关（柯炳生，1996）。根据全国农村固定观察点办公室（1998）的调查数据，中国农户的粮食储备在其收入水平跨过某个节点后将呈现下降趋势，在此之前，收入水平与粮食储备正相关。Buschena 等（2005）通过建立农户小麦"消费—储备—出售"的跨期方程，对辽宁和河北两省份 6 个地区的截面数据进行分析，实证结果表明，收入提高显著增加了农户小麦的储备水平。但是，该研究使用的数据来自 1994~1995 年粮食市场剧烈动荡的时期，粮食购销市场化改革的特殊背景可能会造成研究结果的说服力不足。部分学者基于前人的成果，总结出农户收入水平与粮食储备规模呈倒"U"型关系。即当农户收入处于低水平时，随着收入增长，农户会扩大粮食储备规模；当农户收入处于较高水平时，随着收入增长，农户会减少粮食储备数量，更多依靠市场满足家庭粮食消费（刘李峰，2006；刘李峰和武拉平，2006；吕新业和刘华，2012）。

第二，粮食生产因素也被认为是影响农户储备行为的重要因素，但不同学者对生产因素的衡量方法不同。武翔宇（2007）利用 22 个省份调研数据分析农户粮食储备行为，其用粮食播种面积、是否水浇地和是否平坝地等指标作为粮食生产因素的代理指标，证实粮食储备数量和粮食产量高度正相关的假设。黄利会和王雅鹏（2009）采用劳动力素质等变量代替粮食生产变量，利用 Tobit 模型分析中国中部地区的农户粮食储存行为，结果表明，粮食产量与粮食储备量显著正相关。吕新业和刘华（2012）对黑龙江、江苏、湖北和四川的农户进行抽样调查，采用化肥投入量和播种面积两指标反映粮食生产状况，发现粮食产量和农户粮食储备呈正相关关系。值得一提的是，与上述学者的结论不同，余志刚和郭翔宇（2015）对主产区（主要是黑龙江）农户粮食储备行为进行分析，其实证结果表明，粮食产量与储备水平显著负相关，并得出，随着农户粮食生产能力提升，农户的粮食储备规模将降低。

第三，农户粮食储备行为也受到市场因素的影响。市场因素主要指价格，包括现期粮食价格和预期粮食价格。根据农户理性假说，当粮食价格上升时，农户会追逐利润，释放储备；反之，则增加储备（孙希芳和牟春胜，2004）。大部分学者的实证研究结果表明，预期的粮食价格对农户粮食储备的作用明显，粮食价格水平与农户粮食储备量呈显著负相关关系（万广华和张藕香，2007；徐芳，2002；张安良等，2012；张瑞娟等，2014；张瑞娟和武拉平，2012b）。另外，部分研究也考虑了市场发育程度对农户粮食储备的影响，多数学者用地理特征衡量市场发育程度，包括地势地形、到集贸市场的距离、离县城的距离和交通状况等（刘李峰，2006；刘李峰和武拉平，2006；刘阳，2014；万广华和张藕香，2007）。

第四，农户储备行为还受到储备设施、国家和地方的粮食政策、农村基础设施条件以及家庭经营特征差异等众多因素的影响（Vozoris 和 Tarasuk，2003；Manda 和 Mvumi，2010；Thamaga-Chitja 等，2013；程蓁，2010）。

2.3.3 粮食损失相关研究

中国人多地少，粮食安全关系社会稳定，是国家经济平稳运行的"压舱石"。在重视粮食生产的同时，人们逐渐关注粮食损失问题。现有研究主要集中在：①减少粮食损失的目的和效果研究。②粮食产后损失水平估计及其影响因素研究。③减少粮食损失的方法研究。

2.3.3.1 减少粮食损失的目标

目前有关粮食损失的研究缺乏明确的目标指导，多数分析依然停留在粮食损失估计层面，对该损失水平背后的意义和影响研究不足（HLPE，2014）。即使确定了一个目标，比如减少粮食损失可以提升生产者收入，但仍然缺乏全面、系统的考量，未能考虑减损对其他群体的影响（Sheahan 等，2017）[①]。

---

① 这些群体包括中间商、消费者等。

当前，中国粮食生产面临"天花板"，粮食供需长期处于紧平衡。结合现实情况，减少中国粮食损失和浪费的目标主要是两个：一是通过减损，增加可使用的粮食数量，更好地保障国家粮食安全；二是粮食损失意味着粮食生产投入资源的浪费，减少损失可以节约投入资源，保护环境。同时，随着社会经济发展，人们对食物质量和健康的要求逐渐提高，减少粮食损失的目标也应加入"保证粮食质量、保障人类健康"；另外，粮食损失降低也意味着农户或其他市场主体可以供应或销售的粮食数量增加，减少粮食损失的目标还应包括"增加粮食产业链从业人员的利润"。如此，减少粮食损失的目标主要有以下四点：

第一，增加供应，维护国家粮食安全。1974 年，FAO 提出粮食安全的概念，之后，粮食安全的概念和范围逐渐延伸、扩展。当今，FAO 粮食安全覆盖四个方面：数量安全、质量安全、稳定性以及可得性（FAO，2008）。通过一定措施降低粮食损失意味着国家或家庭可使用粮食数量的增长，势必降低国家进口量或家庭购买量。随着中国对粮食需求的增长，中国部分粮食作物需要通过进口补充国内供应①，粮食进出口形势变化也给国家粮食安全造成不利影响（张瑞娟和李国祥，2016）。归根结底，这种挑战是由于粮食数量不足造成的。如果通过一定手段降低产业链条中各个环节的粮食损失，把损失变为供给，更有利于保障国家粮食安全。并且，供给和需求定理表明，当需求不变时，市场供给上升将降低商品价格。即当粮食损失降低时，由于市场供给增加，粮食价格将变低，消费者的粮食可得性升高（Kadjo 等，2016）。

第二，减少粮食生产投入资源的无端消耗，保护环境。这是减少粮食损失的第二个目标，尤其对中国这样的人口大国和资源紧缺国家而言异常重要。生产粮食的投入资源包括水资源、耕地资源、化肥和劳动力等（张秀玲，2013；Sheahan 等，2017）。以往为了保持供应稳定和收入增长，农户在粮食生产过程中出现过量施用化肥的现象。现有研究表明，中国农作物生产中的化肥施用量已经超过最优使用量（史常亮等，2016）。同时，一些农户为降低虫害等生物造成生产损

---

① 例如，中国是世界第一大稻米进口国，2016 年中国稻米进口量达 500 万吨；另外，中国也是玉米和小麦的净进口国。

失，过度使用杀虫剂等化学药剂（朱淀等，2014）。过量使用化肥和杀虫剂等行为不仅造成资源的无端消耗，也导致农村环境污染，危害人类健康（唐丽霞和左停，2008；邱君，2007；史海娃等，2008）。通过采取措施降低粮食损失，这意味着在现有的资源投入条件下，粮食产出得以提升（即用相同的生产资料得到更多的粮食）。据测算，当中国水稻收获损失率降低至 2.76%，意味着稻谷产量增加 54 万吨，增加的稻谷可以满足 439 万人 1 年的粮食需求，等同于增加 7.84 万公顷可用耕地（黄东等，2018）。另外，在粮食产业链的各个环节消耗了大量的化石能源，减少粮食损失也意味着燃料和能源消耗降低，从而降低碳排放，保护环境。

第三，增加可用粮食数量，提升市场主体利润。2004 年，中国进行粮食流通体制改革，粮食市场逐渐发育完善（颜波和陈玉中，2009）。农户等市场主体能够随意进入或退出中国粮食市场，构建起一条包括农户、加工商和消费者在内的粮食产业链。根据市场经济理论，各个市场主体的目标是实现利润最大化。当降低损失所增加的收入小于投入时，粮食市场参与者的利润将实现增长。这对"经济人"而言是一个天然的刺激。因此，降低粮食损失的目标也包括增加粮食市场参与者的利润（Sheahan 等，2017）。

第四，保证粮食质量、保障食物安全。为了保障人类生命健康，部分粮食因变质、发霉或污染，在加工或销售等环节被丢弃，这属于正常操作。可是人类无法通过肉眼观察所用粮食或食物的变质和污染情况。变质粮食往往含有大量有害毒素，使用后会诱发疾病（王清兰等，2007）[1]。如果这些变质或污染的粮食被加工成食物，将威胁人类健康。世界范围内发生的因食用变质食物引起的健康事件数不胜数，比如非洲霉木薯饼中毒。2004 年，非洲部分国家出现大范围黄曲霉毒素中毒案件，超过千人中毒，超过 100 人因此丧生（陈海波，2018）。2016 年，国务院印发了《"健康中国 2030"规划纲要》，纲要中突出强调"保证食品

---

① 例如食用过量黄曲霉毒素食物将会导致食道癌和肝癌。

质量安全"[①]。因此，随着人民对食物质量要求的提升，减少粮食损失的另一个目标应该包括降低质量损失。由真菌或病毒引起的粮食安全问题对人类健康威胁巨大，减少因真菌或霉菌引起的粮食质量安全问题，减轻食物变质对健康的威胁，保障群众获得更为高质量的食物，吃得安全、吃得健康。

2.3.3.2　粮食损失测算及影响因素分析

从粮食生产、加工到消费者餐桌，粮食产业链的各个环节均会出现粮食损失，但不同作物、地区和环节的损失程度存在差异，并且造成损失的原因也不一致。因此，在估计粮食损失时，应基于其所处的具体情况（包括品种、地区和环节），并寻找关键因素。

（1）粮食损失测算。

根据所选取的测算指标，粮食损失包括数量和质量损失两个维度。目前多数研究聚焦于粮食的数量损失。粮食数量损失，即由于不同原因导致粮食重量下降。粮食质量损失，即粮食所含有的营养物质流失或由于霉变、污染等情况导致粮食中存在威胁人类健康的物质增加。因难以观测和发生形式多种多样，粮食质量损失更难以测算；并且，食用低质或受污染的粮食可能直接影响健康，造成的危害比数量损失严重（Barrett 和 Bevis，2015；Hodges 等，2011；Kadjo 等，2016）。

目前，粮食损失的官方信息由国际机构和各国的政府部门不定时发布。比如，2011 年，FAO 的报告表明，世界范围内的粮食损失或浪费相当严重，每年损失和浪费的粮食数量为当年总产量的 30%；根据粮农组织的报告，世界银行（2011）测算结果表明，非洲南部地区由于粮食损失和浪费导致的经济损失超过 35 亿美元；中国农业部的公告表明，中国每年仅农户层面损失的粮食超过7%，每年在加工环节损失的粮食超过 750 万吨（于文静和王宇，2014）。另外，Lipinski 等（2013）利用 FAO 粮食损失数据将粮食重量损失转换为卡路里损失，

---

① "健康中国 2030" 规划纲要［EB/OL］. http：//www. gov. cn/gongbao/content/2016/content_ 5133 024. htm.

得出世界范围内每年损失的粮食占总产量的24%。需要注意的是，在研究中，由于研究人员采用的测算方法、数据收集地点存在差异，不同机构对同一地区粮食损失的估计结果可能并不一致。例如，非洲粮食产后损失信息平台（The African Postharvest Losses Information System，APHLIS）对非洲的粮食损失监测结果表明，非洲粮食损失的范围为14%~18%；但是，FAO的估计数值达20%（Sheahan等，2017）。

不同于国际机构和政府部门的大范围、系统性评估，学者一般使用案例法和问卷调查法获取粮食损失数据，部分学者的估计结果如表2-1所示。Basavaraja等（2007）利用印度农村调研数据，估计得出印度水稻收获环节（包括收割、脱粒、清粮和田间运输）的损失率超过1.60%。Bala（2010）根据孟加拉国农户调研数据，测算得出孟加拉国水稻收获环节损失率也超过1.60%。根据上述测算结果，可以推算出南亚地区的水稻收获损失率大致为1.6%。Kaminski和Christiaensen（2014）采取问卷调查法获取乌干达农户数据，测算得出当地农民的玉米损失总量为产量的1.4%~5.9%。

表 2-1 粮食损失研究方法和结果

地区及品种	环节	水平	方法
印度水稻	收获	1.62%	入户访谈
孟加拉国水稻	收割	1.60%~1.91%	问卷调查
乌干达玉米	农户层面	1.40%~5.90%	入户访谈
中国粮食	全产业链	18.13%	问卷调查
中国粮食	生产、产后、消费	25.00%~32.00%	问卷调查
江苏粮食	全产业链	16.20%	问卷调查
中国玉米	收获	2.74%	问卷访谈
中国水稻	收获	3.02%	案例实验
中国小麦	收获	2.43%	案例实验
加纳水稻	收获	4.07%~12.05%	问卷调查、案例实验
河南小麦	全产业链	2.10%	案例研究、入户访谈
中国粮食	全产业链	7.90%	物质流分析

续表

地区及品种	环节	水平	方法
芬兰粮食	消费	23公斤/年·人	问卷调查
美国粮食	消费	124公斤/年·人	问卷调查
中国粮食	消费	4.47%~5.20%	入户调查

资料来源：笔者根据文献整理所得。

大部分关于中国粮食损失估计的研究出现于20世纪末，最近又兴起了研究热潮。詹玉荣（1995）采用问卷访谈法获得22个省份的1400户农户数据，推算中国粮食产后损失率超过18%，其中收获环节损失率为4.90%，贮藏环节损失率为2.11%，运输环节损失率为0.73%，加工环节损失率为3.75%，销售环节损失率为0.33%，消费环节损失率为6.31%。张健等（1998）根据农户调查数据，估计中国粮食生产、产后、消费整个链条的总体损失和浪费水平，结果表明，全链条的粮食损失和浪费数量占粮食产量的比重超过25%。曹宝明和姜德波（1999）采用选点调查的方式，调研江苏省的342户农户，推算江苏粮食产后损失率超过16%，其中收获环节损失率为1.10%，脱粒环节损失率为2.80%，干燥环节损失率为2.10%，运输环节损失率为0.87%，贮藏环节损失率为6.44%，加工环节损失率为1.40%，消费环节损失率为1.51%。何安华等（2013）根据调查判断，随着农户逐渐采用机械收割，机收比例越来越高，粮食收获环节损失下降，收获损失率已经低于5%。农业农村部固定观察点的入户访谈数据表明，2015年，中国玉米收获环节损失率为2.74%（郭焱等，2019）。田间实验法的测算结果与农业农村部固定观察点的调研数据较为接近，但测算的品种不同；试验法表明，水稻和小麦的收获损失率分别为3.02%和2.43%（黄东等，2018；曹芳芳等，2018b）。

从不同研究方式的成本来看，在相同样本量情况下，问卷调查法的成本比实验法低。但是，问卷调查法为事后估计，可能存在误差（Chegere，2018）。相比之下，实验法似乎准确性更佳。但是，因实验法仅反映实验地当地的损失情况，利用实验结果估计大范围（比如利用某省实验结果推算全国层面的情况）粮食损失和浪费水平时，应首先对所选择试验地点的代表性进行评估（Affognon 等，2015）。因此，在研究时，应该针对具体的研究情况选择合适的方法。为了避免两种研究方法各自的缺点，也有研究人员同时运用问卷调查法和案例研究法测算粮食损失情况。Appiah 等（2011）同时利用问卷调查法与田间试验法评估加纳水稻的收获损失情况，结果表明，当地水稻收获损失率超过 4%，但农户间差异较大，最高达 12%。宋洪远等（2015）结合选点实验与问卷访谈法评估河南省的小麦损失水平，测算结果表明，河南农户层面的小麦损失率达 2%，其中收割环节的损失最为严重，损失率为 1.60%。值得一提的是，高利伟等（2016）利用 FAO 的物质流分析法，基于农产品的流通轨迹，构建粮食损失评估模型，评估 2010 年中国三大主粮粮食产后损失情况。结果表明，中国三大主粮平均损失率为 7.90%。其中，玉米产后损失率最高达 9.00%；水稻和小麦的损失率分别为 6.90% 和 7.80%。

相比发展中国家和地区的粮食产后损失和浪费集中在产业链前端，即收获和储备环节，欧美等发达地区的粮食产后损失和浪费多发于消费端（Hodges 等，2011）。因此，多数粮食消费评估和分析聚焦于欧美等发达国家和地区。芬兰入户调研数据表明，一个芬兰人一年浪费的食物超过 20 公斤，一个芬兰家庭一年食物浪费的数量超过 60 公斤（Silvennoinen 等，2014）。根据美国农业部的官方调查数据，2008 年美国人均食物浪费量为 124 公斤，价值 390 美元（Buzby 和 Hyman，2012）。根据 2016 年中国营养与健康调查（CHNS），当前中国家庭层面的食物浪费总量已经超过 1000 万吨，占当年粮食总产量的 5%（江金启等，2018）。

（2）造成粮食损失的主要因素。

任何粮食处理行为都可能导致粮食损失，Aulakh 和 Regmi（2013）根据影响粮食损失因素的特点归纳成主观因素和客观因素两大类[1]。2015 年国家粮食局启动"粮食产后损失和浪费调查"，建立中国粮食损失和浪费测算系统，系统纳入

---

[1] 主观因素包括农户行为等，客观因素包括自然环境等。

包括粮食收获、储备和消费环节在内的八大环节（赵霞等，2015）。每个环节都有相应的测算评估方法，这也意味着粮食流通的每个阶段都有发生损失的可能；并且，根据评价侧重点，造成每个阶段的粮食损失成因可能并不相同。

农户个人家庭特征和社会经济因素是影响粮食产后损失和浪费的共性因素。农户受教育程度、耕地面积和家庭收入等个人家庭因素与粮食收获、储备和消费层面的损失联系紧密；经济发展水平、技术设备情况、金融信贷约束和土地产权制度等社会经济条件也会显著影响粮食产后损失（吴林海等，2015；Ratinger，2013；Hodges 等，2011）。

多数研究按照粮食流通环节，分别对不同环节的粮食损失影响因素进行深入分析，以便提出更具针对性的减损建议。收获环节是粮食产后系统的第一个环节，收获环节的损失大小直接关系粮食产量。因此，许多研究人员对粮食损失影响因素进行分析。具体而言，收获时间点的选取（如收获时作物是否成熟）、收获期间的天气情况（如是否遭遇雨雪或大风天气）、机械设备（如联合收割机或分段机械）、机手操作是否娴熟、作物品种（如品种是否具备抗倒伏等特性）、种植规模、是否存在赶种或间作套种等都对收获环节损失水平造成影响（Kiaya，2014；Martins 等，2014；曹芳芳等，2018b；宋洪远等，2015）。

在撒哈拉以南非洲、南亚等落后地区，储备环节是粮食产后系统中损失发生最严重的环节，这对当地的粮食安全造成显著影响，尤其对贫困家庭造成严重威胁。因此，为了缓解当地的饥饿状况，研究人员对这些地区的粮食储备损失影响因素展开调查。具体而言，影响农户储粮损失的重要变量包括作物品种（是否具有抗霉变等特性）、储备规模、粮食湿度、储备设施、储备前的处理和储备期间的管理（包括虫害、鼠害监测）等，并且当地的气候条件也对储粮损失影响显著（高利伟等，2016；胡耀华等，2013；张健等，1998；Gitonga 等，2013；Kumar 和 Kalita，2017；Sheahan 等，2017）。同时，在储备过程中，管理措施不当、储备设施简陋和高湿度、高温度的气候条件等情况也容易引发谷物霉变，造成粮食质量损失（胡耀华等，2013）。

由于运输和加工过程中产生的粮食损失相对较少，关于这两个环节的损失影响因素分析不多。从现有研究来看,包装方式(比如散装或密封袋装)、装卸或搬运次数、运输里程和运输工具是影响粮食运输损失的主要因素(肖铁,1996;尹国彬,2017)。对于粮食加工环节,设备条件(比如设备新老程度、技术水平)、加工工艺(比如粗加工或精加工)和加工标准等是影响粮食加工环节损失的主要因素(樊琦等,2017;Akkerman 和 Van Donk,2008)。

前文提及,发达国家和地区的食物浪费严重,部分研究人员对消费环节的浪费情况进行大量研究。相关成果表明,包括家庭规模(比如日常饮食人数)、经济条件(家庭收入水平)、户主年龄、文化观念以及就餐原因(比如是否存在宴请活动)等是影响食物浪费水平的重要因素(成升魁等,2017;江金启,2018;张盼盼等,2019;Schneider,2008;Parfitt 等,2010)。

2.3.3.3 减少粮食损失的措施

农业是基础性产业,粮食是维持人们生存的基础性资源,尤其对于人口大国或粮食紧缺地区,保障粮食稳定供应、确保粮食安全更为关键。前文提及,通过采取一定措施减少粮食损失意味着可使用粮食数量增加。因此,为了增强粮食保障能力,世界各地均进行大量减损研究,并提出相应的减损方法。目前,多数研究人员关注粮食系统的前端,如收获和储备环节。所以,研究人员所提出的减损措施更多地聚焦于这两个环节,对粮食系统中下游环节(比如加工或运输)的减损方法研究较少。

(1)改良品种。

部分学者提出,相对于在收获时或者收获后进行干预,另一个可行方法是在粮食生产前着手准备,其中最主要的是改良品种,培育适宜当地的品种,并增强种质,比如在品种中加入抗虫、抗病害、抗倒伏和抗霉变等特性(John,2014)。部分分析表明,品种是造成粮食收获损失的重要因素。例如,中国水稻和小麦的田间收获实验表明,优质品种的收获损失明显低于一般品种(曹芳芳等,2018b;黄东等,2018)。目前,部分高产品种可能成熟后容易掉落,这将增加粮食损失;另外,部分品种在储备过程中发生变质、腐烂的概率更高,这将增加粮食储备损失(黄东等,2018;李金库等,2006)。但是,目前的品种研发存在的最大问题是实验室和现实情况的脱节，在种子研发过程中并未契合当地的现实环境，仅停留在试验阶段；并且，多数品种研发考虑的仍然是增产，忽略品种的减损特性（Affognon等，2015）。如果在研制作物品种时，结合当地的气候环境等特征，并考虑减损需要，培育兼顾产量和减损的品种，不仅能直接降低粮食数量损失，减少霉变等对粮食的侵害，保证粮食质量，还能降低粮食产业链环节对减少粮食损失的成本，节约开支。

（2）教育培训。

对农户和相关人员进行教育和培训是减少粮食损失的有效方法，并且见效快、成本低。研究表明，相比经验生疏的机械操作员，经验老到、机械操作娴熟的机械操作机手能降低粮食收获损失（曹芳芳等，2018b）。同时，在收获环节，工人的作业态度也会对粮食损失造成显著影响；相比态度马虎、操作粗糙的工人，操作细致、作业态度良好的工人粮食收获损失更少（吴林海等，2015）。FAO在非洲的经验推广表明，对农户进行相关技术培训，提升农户储备技能，比如指导农户在粮食入库前进行筛选，去除已经霉变或被污染的粮食，保证高质量储存，对降低粮食储备损失十分有效（Golob，2009）。因此，通过一些教育培训项目或农业技术推广系统，提升农户技术水平是降低粮食损失的重要方式。

（3）储备环节损失控制措施。

在粮食产后系统中，储备环节连接着生产端和加工、消费端，是粮食产业链的中游，居于核心地位。同时，在发展中国家，由于缺少先进的储存装具，农户的技术素质低下，储备损失是粮食产后损失的重要来源；另外，如果管理不到位，粮食在储备过程中极易发生污染，造成营养流失等情况，降低粮食质量，严重的质量损失可能会对人类健康造成威胁。因此，目前减损研究的重点是减少粮食储备环节损失。通过大量研究，学者提出包括防治虫鼠害、提升仓储条件和提高储备技术等众多减损措施。

1）杀虫剂等化学防治方法。

目前，在粮食储备过程中遭遇大规模虫害爆发时，最受推崇的还是使用杀虫剂等化学防治，尤其对于小农户而言，杀虫剂的操作方式简单，并且对虫害的控制效果也非常明显（Minardi 等，2015；Ngamo 等，2007；Kaminski 和 Christiaensen，2014）。在中国国家粮食储备库的日常管理活动中，使用杀虫剂灭杀害虫是控制损失的重要方法（王晶磊等，2014）。随着经济水平和科学技术的发展，市场上提供的杀虫剂多种多样，能够有效处理不同的虫害状况。然而，施药效果却受诸多条件的影响，比如施用时间、施用方式和虫害严重程度等。并且，没有足够的证据证明使用杀虫剂能提高农户的储粮数量和储粮意愿（Sheahan 等，2017）。这也表明农户可能并不完全相信杀虫剂可以减少大量损失，或者说农户认为由虫害造成的粮食损失低于购买杀虫剂所付出的金钱（余志刚和郭翔宇，2015；张瑞娟和武拉平，2012a）。另外，如果长期通过杀虫剂杀灭害虫可能会增强害虫的抗药性，并且杀虫剂中所含成分也不利于环境和人类健康（Boyer 等，2012；Aktar 等，2009）。基于杀虫剂的这些特点，采用杀虫剂控制损失可能只是应急策略，不能将杀虫剂等化学药剂当作长期控制虫害的优先选项。

2）改进储备装具。

相比于杀虫剂等化学药剂的负面作用，改进储备设施并不会对人类健康和环境造成不利影响。因此，多数研究人员鼓励将改进储存装具作为减少储粮损失的重点方式。例如，具有良好气密性的科学储粮装具能够降低氧气水平，从而限制害虫、霉菌生存，减少因虫害等原因造成的储备损失（Tefera 等，2011；Murdock 等，2012）。现阶段，多数改进储备设施的研究集中于撒哈拉以南非洲和南亚地区。联合国粮食计划署、粮农组织以及普度大学等机构在这些地区进行先进储备装具实验，将具备良好气密性和密封性的装具，如密封袋和金属筒仓，提供给当地农户，降低农户储备损失，增强家庭粮食安全保障能力。

许多机构和学者对密封袋和金属筒仓等先进储备装具的减损情况进行了详细评估。Baoua 等（2012）和 Groote 等（2013）对密封设备在玉米和豇豆储备中的运用效果进行测试，结果表明，农户采用密封袋等先进储备装具显著减少储备过程中的玉米和豇豆损失。并且，对农户而言，使用密封袋的成本低于化学药剂（Jones 等，2014）。另外，Quezada 等（2006）的减损试验结果表明，将谷物进行密封储备能减轻霉菌等有害物质对谷物的污染，在一定程度上保证储存过程中的谷物质量，并且密封储备的成本相对较低，适合在广大发展中国家和地区进行推广。Kimenju 和 Groote（2010）的研究表明，金属筒仓与密封袋的效果类似，也能降低储备损失；使用金属筒仓的收益与筒仓尺寸有关，农户使用大容量筒仓更具效益。并且，金属筒仓在减少粮食损失的同时，对农户福利和粮食安全也产生重大影响；但是，金属筒仓的价格较高，政府应该给予一定补贴（Gitonga 等，2013）。

现有研究表明，具有良好气密性的储备装具不仅可以降低粮食数量损失，还能保护谷物不受霉菌污染。因此，鼓励农户采用具有良好密封条件的储备装具是有效降低储粮损失的可行选项。

3）综合虫害管理。

综合害虫管理（Integrated Pest Management，IPM）也被称作综合害虫控制（Integrated Pest Control，IPC），是指在虫害发生时，将所有行之有效的措施作为候选选项，结合具体的虫害情况制定既能最大化降低损失又在经济上节约成本的综合方法，阻止损失扩大①。综合虫害控制的原则主要有以下几点：一是预防，在虫害未发生时先行采取有效措施阻止可能的损失发生；二是监测，随时能掌握谷物的具体情况，并作出合理评估；三是控制，采取一切可行方法，包括机械和生物措施，控制损失发展；四是评估，在采取措施时和运用措施后，对现状进行合理估计，以为下一步计划打下良好基础。另外，综合虫害控制也将减少化学药剂使用作为重要原则（Barzman 等，2015）。目前，综合害虫控制法常见于谷物种植到成熟之间的环节，但其也能用于减少储粮损失，特别是在储存时遭遇大规模虫害时，完全依靠农药杀灭害虫所需剂量较大，会对环境和人类健康产生不良影响；此时，如果采取综合害虫控制作为优先措施能降低杀虫剂的负面效应（Phillips 和 Throne，2010）。现有研究表明，采用综合害虫控制的防治效果与杀虫剂完全一致（Waterfield 和 Zilberman，2012）。推广综合虫害控制的难点在于，广大发展中国家和地区技术水平低、科研实力弱；另外，综合虫害控制的成本可能比杀虫剂更高，广大小农户可能不会主动采用（Naranjo 等，2015）。相信随着

---

① 资料来源：FAO，http：//www.fao.org/agriculture/crops/thematic - sitemap/theme/pests/ipm/more - ipm/en/。

社会经济、科技水平发展，人们对健康和环境会更为重视，综合害虫控制将在减损方面发挥重要的作用。

（4）其他方法。

不同于以上措施能够直接减少粮食损失，可能采用以下方法得到的效果相仿，例如，提升农村基础设施条件，如电力、道路等，有利于降低损失。Rosegrant 等（2015）的分析结果表明，完善路网和电力设施、提升铁路运输能力等建设行动能显著降低区域粮食损失。另外，通过修建先进的仓库并提供良好的储粮管理服务也能减少地区储粮损失（Hertog 等，2014；Park 等，2007）。在修建先进仓库的基础上，部分国家和地区建立仓单系统（Warehouse Receipt Systems）为农户提供仓储服务并将小农纳入金融市场，既减少农户储粮损失，又推动小农户进入金融市场，解决其流动性问题，两全其美（Coulter 和 Onumah，2002）。前文提及，由于经济发展水平较低，高昂的价格是限制发展中国家和地区小农户购买先进储粮装具的阻碍。如此，健全农村金融服务，帮助中小农户缓解流动性约束是降低粮食损失的有效措施。低效储存导致损失仅仅是症状，解决的最佳方法是化解农户财务难题（Sheahana 等，2017）。当前，随着科技的飞速发展，粮食系统产生重大转变，农户、加工商和批发商垂直一体化快速发展，粮食系统对物流的要求越来越高（Swinnen 和 Maertens，2007）。那么，构建“生产—加工—运输—销售”实时跟踪监测系统，通过信息高速传输、物流线路动态优化，避免过量生产、过量仓储和无序运输，能够系统降低粮食损失。

2.4　文献评述

2.4.1　现有研究的不足

关于农户储粮行为的研究，国外的研究倾向于将农户的粮食生产、储备和销售作为一个整体考虑。由于发达国家市场开放、经济发达，国外学者更多关注储备与市场价格之间的关系。例如农户利用期货市场分配销售量和储备量，进行对冲平仓而实现风险平抑和利润最大化。国内研究的贡献主要在于农户粮食储备现状趋势判断，农户储、售粮动机的分析以及影响因素的研究。由于微观数据难以获取，国内的研究有待进一步拓展和深入。

关于粮食损失的研究，虽然因地区、作物等情况不同，现有成果测算的粮食损失数量并不一致，但共识是粮食产后损失的绝大部分来自农场端，即收获和储备环节（Hodges 等，2011）。这和生鲜农产品的损失情况不同，大部分肉类、海鲜等生鲜农产品的损失来自加工和零售环节（世界银行，2011；FAO，2011）。目前，超过 80% 的粮食损失研究集中在收获和储藏环节（Affognon 等，2015）。然而，随着城市化和消费者收入的增长，情况可能发生变化（Sheahana 等，2017）。因此，有必要加强粮食产业链其余环节的损失研究，并准确评估各环节和粮食产业链整体的粮食损失（Affognon 等，2015）。同时，不同地区、不同作物的损失情况不同，简单进行研究结果的直观对比可能出现错误，并且也无实际意义；另外，现有研究粮食损失的主流方法均存在不足之处。例如，以往的研究较多使用建模（模拟）法、直接观察法等方法，这些方法在使用时有严格的前提条件，往往难以被客观和正确地使用（Minten 等，2016）；对整个粮食系统或粮食产业链的损失评估，大多数学者采用案例法或实验法，统计代表性不足，研究结论可信度容易遭受质疑（Sheahan 等，2017）。

随着研究逐渐深入，部分学者对粮食储备、加工和销售环节的变质和营养流失等质量损失颇为关注，但是，目前对粮食质量损失的研究不足（罗屹等，2020c）。当前，对粮食质量损失的研究聚焦于霉菌或毒素污染多发地区，这些地区往往是贫困饥饿地区；然而，值得警惕的是，即使在没有因粮食污染导致人类致死的地区，如非洲东南部，粮食中的黄曲霉毒素含量也远远超出标准值（Mutiga 等，2015）。已有研究未能较好地反映真实状况，尤其缺乏全面系统的粮食质量监测系统。因此，不仅对粮食数量损失的研究需要持续进行，对粮食质量损失的分析也十分重要，尤其对于贫困地区而言，这些地区更可能消费低质食物，人类健康面临更多挑战。然而，由于质量损失的数据获取难度大，许多研究难以为继（Wu 等，2011）。

目前，研究也缺少对最优损失水平的分析（Sheahana 等，2017）。基于利润最大化假设和农户行为理论，个人追求的是利润最大化而不是粮食数量最大化，这意味着现有损失水平可能是最优的。例如，当农户存在赶种情况时，其粮食收获损失比不存在该情况的农户更为严重，但部分农户依然选择赶种（曹芳芳等，2018b；Goldsmith 等，2015）。另外，就算农户使用的是最为先进的技术并采取最为严格的管理方式，也不能实现零损失，反而投入高昂，经济上可能并不划算（Waterfield 和 Zilberman，2012）。加之农产品的自然属性，随着时间的流逝，粮食变质、腐烂不可避免。如果目的是提供高质量的产品，那么部分粮食就会被去除。另外，发展中国家的农户由于担心遭受严重的储备损失，往往在粮食收获后立即出售大部分粮食。直观来看，农户减少了储备损失，但收获期的粮食价格往往处于低点，价差造成的经济损失很可能高于粮食数量损失（张瑞娟等，2014；张瑞娟和武拉平，2012a）。因此，基于农户个人视角，当农户实现利润最大化时，损失应当是最优的。如果基于社会公共视角，私人决策时往往并不考虑外部影响，并且私人和社会最优之间可能存在分歧。例如，随着社会经济发展，人们对食物的要求逐渐从数量安全转向质量安全，追求高质量食品可能会增加低质粮食损失。这造成一个十分矛盾的情况，就是个人因为提高粮食质量要求造成部分仍能食用的粮食被丢弃，增加粮食数量损失，但社会层面的目标又是通过降低损失增加粮食供应数量。当出现这些情况时，政府应该出台相关政策，寻找最优解。

2.4.2　研究展望

综上所述，现有研究还能从以下几个方面进行拓展、完善：

第一，全面评估中国农户储备损失。国内对农户储备损失的评估多采用案例法；但是，中国幅员辽阔，利用个例推算总体所得到的损失结果有待商榷，需要更加完整、全面的调研。并且，不同区域、不同设备、不同品种之间的粮食储备损失水平及其差异值得关注。

第二，实证分析农户储备损失的影响因素。现有关于农户储备损失原因的研究存在不足，多为定性分析，缺少定量研究，需要运用计量经济模型进行更加系统性的分析，便于提出更具针对性的减损建议。

第三，储备损失对农户储备决策的影响。关于农户储备行为研究，学者多从储备动机、价格、利率和市场等因素入手，相关成果颇丰。昆虫生物学等交叉学科的研究认为虫害、霉菌等问题造成的储备损失也可能影响农户储粮意愿；然而，相关研究较为缺乏，有待进一步研究。同时，绝大多数研究关注农户粮食储备规模，缺少对农户粮食储备时长及其影响因素的研究。

第四，先进储备设施的效果评估研究。国家连续多年实施科学储粮工程，鼓励农户采用先进的储备设施，减少储备损失。然而，实际的政策效果还未可知，需要进行效果评估。

2.5　分析框架与研究假说

2.5.1　分析框架

在系统回顾现有文献并对其评述的基础上，本书以农户储粮损失为切入点，构建一套经济学研究框架，全面系统地研究中国农户储备损失问题，丰富已有研究。本书的理论基础为农户利润最大化理论，同时也涉及农户行为理论和规模经济理论。在研究时，假设农户为实现利润最大化而进行粮食储备决策；同时，农户在决定是否采取减损措施时，也是为了实现经济最优。本书的分析框架如图2-1所示。

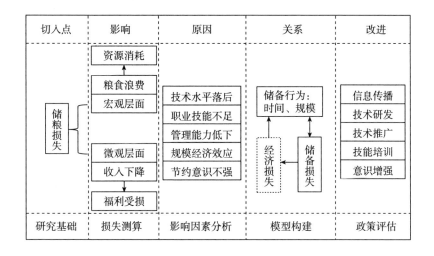

图 2-1 农户储粮损失与储粮决策研究框架

由图 2-1 可知,本书的切入点为农户储备损失,因此,本书首先基于一个全国大范围代表性的农户粮食损失数据库,测算农户储备损失水平及其对资源环境的影响;其次以玉米这一产量最大的粮食作物为例,实证分析影响农户储粮损失的主要因素;再次对农户而言,粮食损失也是经济损失,势必影响农户行为,本书的研究内容三就这一问题展开研究,考察储备损失对农户储备时长和储备规模的影响;最后结合现实情况及前人的研究结果,为降低储粮损失并减少损失对农户储备的影响,本书对设备改进效果进行评估。

2.5.2 研究假说

假说一:技术与储备损失负相关,自用率与储备损失正相关。

根据经济理性人假设,现有损失应当是最优损失水平。农户之间之所以存在着不同的损失水平,是受多种特征的影响。在影响因素研究中,主要关注储备特征对农户储粮损失的影响。先进储备设施如金属仓,其能降低储备过程中的氧气含量,限制霉菌、虫害繁殖;并且金属仓能隔绝外部生物,如老鼠对谷物的袭扰。显而易见,那些采用先进储备设施的农户将面临更低的损失水平。同时,农户对待不同用途粮食的态度可能不同，用于出售的粮食需要满足市场标准，农户可能会进行更为严格的管理，降低储备损失，避免因虫害、霉变等原因降低粮食质量，导致经济损失；用于自用的粮食占比更高（比如对玉米而言，农户储备的大部分用于饲料，而非食用），农户可能会放松储备管理，导致损失增加。因此，本书假设采用先进储备设施将降低农户储备损失，而自用率高的农户储粮损失更高。

假说二：不同规模农户储备损失存在差异，规模与储备损失可能存在非线性关系。

规模经济理论假设在完全竞争市场中，当生产技术水平没有发生变化时，所有投入要素同比增加（许庆等，2011）。通常农业的规模收益是不变的；并且在农业生产中，所有投入资源以相同比例发生变化极为罕见（彭群，1999）。农户的劳动力、耕地等可变投入可能同比例变动，但是农户的住房、农机设备等固定资产同比例变动基本不可能（李轩复，2020）。正因如此，农户的规模变化并不意味着所有投入要素都发生同比变化，而是指当其他条件不变的情况下，农户投入的重要因素发生改变。比如农户通过土地流转，扩大可用面积。理论上认为，规模经济将降低农户的生产成本；但是可能也存在一个临界值，即随着规模上升，成本并不会无限降低，超过临界值，成本可能上升。因此，规模扩大可能减少农户单位生产投入，例如，农户采用机械得以提升效率（李轩复，2020）；但是，规模扩大也可能提高农户兼业经营的机会成本，增加农户面临的风险成本（何秀荣，2016）。一般而言，大规模、中规模、小规模农户的风险防范能力、技术水平和意识都存在差异。例如，随着农户规模扩大，农户储备期间的监测和管理更困难，这将增加虫鼠害暴发的风险；但是，规模扩大也可能促使农户采纳更为先进的储备设施，提升自身的管理能力和技术水平。因此，本书假设规模对储备损失的影响不确定。

假说三：储备损失与粮食储备规模和粮食储备时间负相关。

无论农户储备用于消费还是商业出售，储备损失对于农户而言都是一个经济损失。一方面，对于自用型农户而言，储备损失过高意味着家庭风险保障能力的降低，可能需要依靠市场保障家庭粮食消费；另一方面，对于待价而沽的农户而言，储备损失过高将直接降低其可供出售的粮食数量，降低农户收入。因此，农户为了避免遭受经济损失，可能会选择提前粮食出售时间并缩小储备规模。

　　假说四：采用先进储备设施会降低储备损失、延长储备时间，并降低农户对市场的依赖。

　　技术进步是降低农户储备损失的一个可行方法，如前所述，先进的储备设施能够限制外界环境对粮食的影响，如抑制虫害繁殖、减少鼠类危害等。因此，采用先进储备设施将直接降低农户储备损失。另外，由于采用先进储备设施降低了储备损失，从而削弱了储备损失对农户的经济刺激，有可能改变农户的储备行为。因此，本书假设采用先进储备设施将降低农户储备损失、扩大农户储备规模、延长农户储备时间。

第3章 中国农户粮食储备

  2003 年后，由于政策支持、技术革新、结构调整和组织程度提升，中国粮食产量实现历史性增长；2016 年，粮食产量相比 2015 年稍有回落[①]；近年来，中国粮食产量稳定在丰产水平（姜长云和王一杰，2019；钱煜昊等，2019）[②]。根据国家统计局《关于 2020 年粮食产量的公告》，2020 年中国粮食产量为 6.69 亿吨[③]。中国粮食稳定供给不仅保障国内消费需求，也对世界粮食安全做出重要贡献。当前，中国的粮食生产呈现明显的地域性特征，中央在全国范围内确定辽宁等 13 个省份为粮食主产区，并根据作物生长特征划定粮食生产优势区[④]。

  在粮食连年丰产的同时，农户家庭储备悄然发生改变。随着土地流转加速推进、农村劳动力频繁流动以及粮食市场发育完善，一部分农户逐渐依靠市场满足家庭粮食需求；另一部分农户则选择流入土地，扩大经营规模，成为种粮大户等新型经营主体，粮食生产成为其家庭收入的主要来源（张瑞娟和武拉平，2012a）。产量增长可能使这部分农户增加粮食储备数量，以待价而沽，实现利润最大化（张瑞娟和武拉平，2012b）。

---

  ① 2016 年，全国粮食总产量 61624 万吨，比 2015 年减少 520 万吨，在"去库存"的大背景下，粮食总产量终于止步于十二连增（《经济参考报》，2016-12-09）。

  ② 2020 年，全国粮食总产量为 13390 亿斤，比上年增加 113 亿斤，增长 0.9%，创历史新高，粮食生产实现"十七连丰"（《人民日报》（海外版），2020-12-11）。

  ③ 资料来源：国家统计局，http://www.stats.gov.cn/tjsj./zxfb/202012/t20201210_1808377.html。

  ④ 其余 12 个粮食主产省（区）为位于华北地区的河北、山东、河南、内蒙古四省份，东北地区的吉林、黑龙江两省份，华东地区的江西、江苏、安徽三省份，以及湖南、四川和湖北三省份。

本章对中国粮食生产历史发展和现状进行统计描述，并利用《全国农村社会经济典型调查资料数据汇编》展示中国农户的储粮情况。本章结构安排如下：首先，基于历年国家统计数据对中国粮食生产情况进行总体描述；其次，分品种、分区域对中国粮食生产情况进行详细说明；再次，基于《全国农村社会经济典型调查资料数据汇编》数据展示中国农户的家庭粮食储备情况；最后，总结本章内容。

3.1　中国的粮食生产与特点

洪范八政，食为政首。中国人口众多，粮食需求量庞大；但是，中国的自然资源相对紧缺。粮食生产一直是中国政府的关注重点（Thou，2010）。自改革开放以来，中国的粮食产量稳步增长，20 世纪 80 年代末，人民的温饱问题基本解决。进入 21 世纪后，粮食产量迎来历史性增长。近年来，中国的粮食产量稳定在较高水平，基本实现了"口粮绝对安全、谷物基本自给"的粮食安全战略（姜长云和王一杰，2019；王钢和钱龙，2019）。目前，中国粮食生产呈现主粮化和区域化特点，粮食种植品种以小麦、水稻和玉米为主，粮食种植区域集中在 13 个粮食主产省份。

3.1.1　粮食产量、播种面积及单产

根据历年的统计年鉴和国家统计局的粮食产量公告，中国粮食产量统计口径分为两类：品种和收获季节。按照品种划分，中国的主要粮食作物为水稻、小麦和玉米，其他品种包括大麦、高粱、荞麦、燕麦、豆类和薯类等。按照收获季节划分，粮食分为夏粮、秋粮和早稻，夏粮的主要作物为小麦和早稻，秋粮收获的主要作物为玉米、大豆、高粱和水稻中的中稻、晚稻，早稻主要为南方籼稻。

自 1978 年以来，中国历年粮食产量及三大主粮所占比例如图 3-1 所示。按

照产量变化趋势，改革开放至今，中国粮食生产情况大致可以被为四个阶段：一是快速增长阶段（1978~1984 年），得益于以家庭联产承包责任制和统分结合的双层经营体制为代表的一系列改革举措，广大农民的生产积极性被激发，中国粮食产量增长迅猛；从 1978 年的 3.05 亿吨快速增长至 1984 年的 4.07 亿吨，年均增长 5%。二是震荡徘徊阶段（1985~2003 年），这一时期粮食产量在震荡中缓慢增长，期间经历过高产、回落与徘徊阶段。总体来看，这一时期的粮食产量依旧从 1985 年的 3.79 亿吨增长至 2003 年的 4.31 亿吨，最高点为 1998 年的 5.12 亿吨。三是历史性增长阶段（2004~2015 年），在这个阶段，中国的粮食产量实现了历史性增长，基本实现了"口粮绝对安全、谷物基本自给"的国家粮食安全战略，最高点为 2015 年的 6.61 亿吨。四是稳产调整阶段（2016 年至今），结束了历史性粮食增产期后，中国粮食产量稳定在 6.60 亿吨左右。根据国家战略和一系列政策可知，中国粮食产量不会出现大幅波动。未来，中国的粮食生产将会在保证产量稳定的前提下进行种植结构调整，以满足人民日益增长的物质需求，从"吃得饱"到"吃得好"转变①。

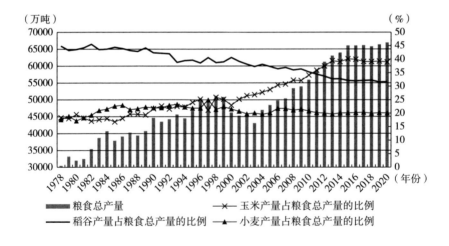

图 3-1　历年粮食生产情况（分品种）

资料来源：笔者根据国家统计局数据整理所得。

---

① 中国的粮食安全［EB/OL］. http：//www.gov.cn/zhengce/2019-10/14/content_5439410.htm.

另外，图 3-1 也展现了自 1978 年以来中国三大主要粮食作物生产结构的变动趋势：第一，小麦产量占粮食总产量的份额波动不大，维持在 20% 左右；第二，稻谷产量占粮食总产量的份额出现较大幅度下滑，从最高为 1982 年的 45.48% 下降到 2020 年的 31.64%，降幅为 13.84%；第三，玉米产量占粮食产量的份额大幅增长，所占份额由 1986 年的 18.36% 增长至最高为 2015 年的 40.11%。

自 1978 年以来，中国粮食播种面积和三大主粮占粮食总产量的比例如图 3-2 所示。总体来看，中国的粮食播种面积略有下降，但总体保持稳定，平均值为 1.12 亿公顷，最低点为 2003 年的 0.99 亿公顷①。从种植结构来看，稻谷和小麦的播种面积缓慢下滑，玉米播种面积快速增长。稻谷播种面积占比从 1978 年的 28.54% 下降到 2020 年的 25.76%，小麦播种面积占比 1978 年的 24.20% 下降到 2020 年的 20.02%，玉米播种面积占比从 1978 年的 16.55% 上升至 2020 年的 35.33%。尤其是在 2000 年后，玉米播种面积占比增长迅速，2000~2015 年增长 16.80%（从 21.00% 增长至 37.80%）。

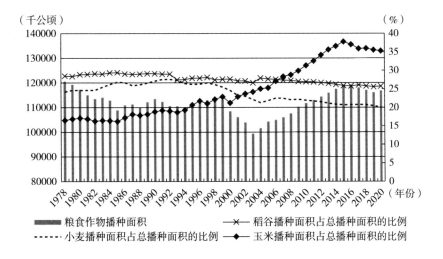

图 3-2　历年粮食播种面积及三大主粮占比

资料来源：笔者根据国家统计局数据整理所得。

---

①　2000~2003 年，由于农业结构调整等因素，中国粮食播种面积出现大幅下滑；之后逐渐增长，回归到往年水平。

自 1978 年以来，中国历年粮食单位面积产量如图 3-3 所示。由图 3-3 可知，自改革开放以来，无论是粮食综合单产还是单一品种的单位面积产量均显著提升。粮食综合单产从 1978 年的 2527 公斤/公顷提升至 2020 年的 5734 公斤/公顷，年均增长接近 2%。同时，在三大主粮中，稻谷和玉米的单位面积产量高于粮食综合单产，小麦的单位面积产量低于粮食综合单产。其中，稻谷单位面积产量从 1978 年的 3978 公斤/公顷提升至 7044 公斤/公顷，年均增长 1.37%；玉米单位面积产量从 1978 年的 2803 公斤/公顷提升至 2020 年的 6317 公斤/公顷，年均增长 1.95%；小麦单位面积产量从 1978 年的 1845 公斤/公顷提升至 2020 年的 5742 公斤/公顷，年均增长 2.74%。

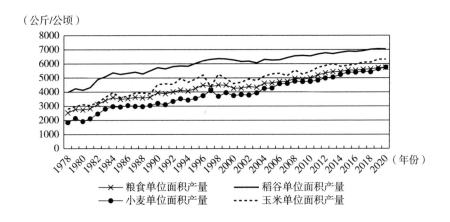

图 3-3　历年粮食单位面积产量

资料来源：笔者根据国家统计局数据整理所得。

3.1.2　粮食生产的季节和地域特征

中国幅员辽阔，各地区的气候条件和资源禀赋存在明显差别。农业尤其是种植业，与气候、水土等自然条件关系密切。因此，中国的粮食生产也显现出两个明显的特点：季节性和地域性。按收获季节划分，中国的粮食生产可以分为夏粮、秋粮和早稻。粮食生产的地域划分则有两种体现：一是粮食主产区，中国政府将条件适合并具有一定优势的粮食生产区划定为粮食主产区；二是生产优势区，为适应社会经济发展形势变化，充分发挥地区资源禀赋，中国政府根据作物品种特性，划定某些地区为品种生产优势区。

分季节统计的粮食生产情况如图 3-4 所示。自 1978 年以来，早稻占粮食总产量的份额不断下降，从 1978 年的 16.67% 下降到 2020 年的 4.08%，降幅为 12.59%；夏粮占粮食总产量的变化不大，所占份额稳定在 20% 左右；秋粮占比上升，从 1978 年的 63.85% 上升至 2020 年的 74.59%，增幅为 10.74%。

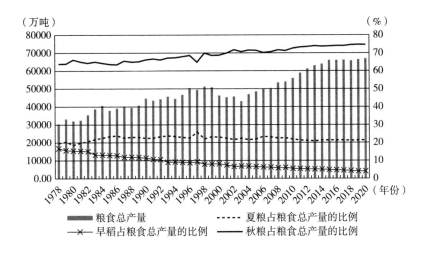

图 3-4　历年早稻、夏粮和秋粮生产情况

资料来源：笔者根据国家统计局数据整理所得。

早稻、夏粮和秋粮播种情况如图 3-5 所示。自 1978 年以来，早稻播种面积占比降幅明显，从 1978 年的 10.11% 下降到 2020 年的 4.07%；夏粮播种面积占比稍降，从 1978 年的 26.44% 下降到 2020 年的 22.41%；秋粮播种面积占比明显提升，从 1978 年的 63.45% 上升至 2020 年的 73.52%。

早稻、夏粮和秋粮的单产情况如图 3-6 所示。自 1978 年以来，各季节粮食生产能力均明显提升，并且逐渐接近平均水平。其中，早稻单产一直高于平均水平，近年来优势逐渐缩小，2020 年早稻单产为 5745 公斤/公顷；夏粮单产一直低于平均水平，近年来差距逐渐减小，2020 年夏粮单产为 5458 公斤/公顷；秋粮单产与平均水平较为接近，2020 年秋粮单产为 5817 公斤/公顷。

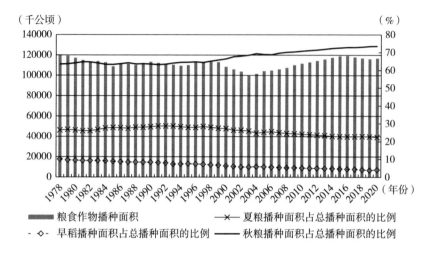

图 3-5　历年早稻、夏粮和秋粮播种情况

资料来源：笔者根据国家统计局数据整理所得。

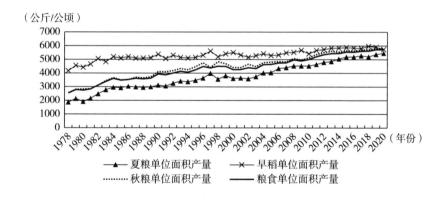

图 3-6　历年早稻、夏粮和秋粮单产情况

资料来源：笔者根据国家统计局数据整理所得。

中国粮食主产区粮食产量和播种面积如图 3-7 所示。自 1978 年以来，粮食主产区产量稳步增长，从 1978 年的 21124 万吨升至 2020 年的 52597 万吨，年均增长 2.20%；并且，粮食主产区粮食产量占中国粮食总产量的比例也从 1978 年的 69.31% 上升至 2020 年的 78.56%。粮食主产区播种面积呈现先降后升的走势，但总体保持稳定，维持在 70000~80000 千公顷。

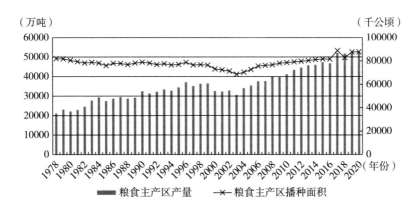

图 3-7 粮食主产区产量和播种面积

资料来源：笔者根据国家统计局数据整理所得。

虽然中国各地区均生产多种粮食作物，但根据作物生长特征和生产产量，中国的粮食生产具有较强的地域性特征，并且在此基础上确定了 13 个粮食主产区。在粮食主产区的基础上，中国政府根据各作物的生长特性以及各区域的资源条件划定了作物生产优势区。

玉米分布范围较广，主要集中在东北地区、华北地区、西南地区和西北地区；玉米优势区包括北方春玉米区、黄淮海夏玉米区和西南玉米区；主要发展的品种有籽粒玉米、籽粒与青贮兼用玉米、青贮专用玉米以及鲜食玉米等。

黑龙江省呼玛县是中国水稻生产的最北地区，但中国水稻传统的种植区域位于中国南方。中国水稻优势区主要包括三大区域，不同优势区种植的水稻品种存在差异。东北平原优势区主要种植优质粳稻，长江流域优势区种植稳定双季稻种植面积，东南沿海优势区以高档优质籼稻为主。

中国北方各省份均有小麦分布，现已形成黄淮海小麦优势区、长江中下游小麦优势区、西南小麦优势区、西北小麦优势区和东北小麦优势区五大小麦优势区。

中国玉米优势区历年玉米产量和播种面积如图 3-8 所示。玉米不仅是重要的粮食作物，也是重要的经济和饲料作物，用途广泛。自 1978 年以来，玉米优势区玉米产量和播种面积快速增长。玉米优势区玉米产量由 1978 年的 0.56 亿吨增加至 2019 年的 2.56 亿吨，年均增长 3.83%；播种面积由 1978 年的 1976.87 万公顷上升至 2019 年的 4098.30 万公顷，年均增长 1.79%。

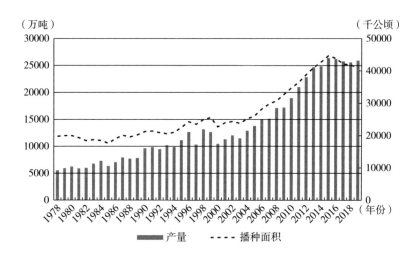

图 3-8　玉米优势区玉米产量和播种面积

注：不同于优势区的地域划分，本次按省份统计，下同。

资料来源：国家统计局，区域划分按照《全国优势农产品区域布局规划（2008-2015 年）》。

中国水稻优势区历年水稻产量和播种面积如图 3-9 所示。自 1978 年以来，水稻优势区水稻产量波动上升；水稻播种面积缓慢下滑，2003 年后保持稳定。水稻优势区稻谷产量由 1978 年的 1.34 亿吨增加至 2019 年的 2.04 亿吨，年均增长 1.04%；播种面积由 3373 万公顷下降至 2906 万公顷。

中国小麦优势区历年小麦产量和播种面积如图 3-10 所示。自 1978 年以来，小麦优势区小麦产量波动上升，小麦播种面积相对下滑。小麦优势区小麦产量由 1978 年的 0.52 亿吨增至 2020 年的 1.33 亿吨，年均增长 2.34%；播种面积由 1978 年的 2755.01 万公顷下降至 2019 年的 2356.24 万公顷。

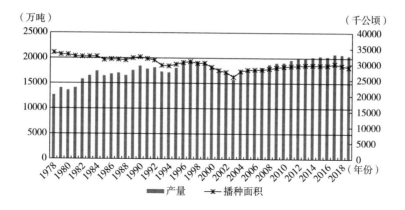

图 3-9 水稻优势区稻谷产量和播种面积

资料来源：国家统计局，《全国优势农产品区域布局规划（2008-2015 年)》。

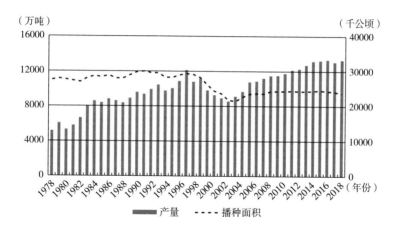

图 3-10 小麦优势区小麦产量和播种面积

资料来源：国家统计局，《全国优势农产品区域布局规划（2008-2015 年)》。

3.2 中国农户粮食储备

"手中有粮，心中不慌"。沿袭上千年的生产经营传统，中国农户至今依然保持"自产—自储—自用"的粮食安全保障模式，大部分家庭的粮食需求依然通过家庭储备供给（吕新业和刘华，2012）。农户既是粮食的生产者，也是粮食储备体系的重要参与者。农户储备是中国粮食价值链的核心环节，农户储备规模庞大（张瑞娟等，2014）。据估计，中国农户粮食储备量约占当年粮食总产量的40%~50%（吕新业和刘华，2012）。庞大的农户储备规模对国内粮食价格和粮食补贴政策产生重要影响，农户粮食储备变化也是保障国家粮食安全时需要考虑的重要内容（魏霄云和史清华，2020）。

3.2.1 中国农户粮食储备制度

粮食储备是保障国家粮食安全的"压舱石"，也是社会经济平稳运行的"稳定器"。除国家储备外，中国有40%~50%的粮食储备在农户家庭。农户粮食储备是国家粮食储备体系的重要组成部分，是保障国家粮食安全的重要力量。国家十分重视农户储备，通过一系列政策文件和支持政策，建立中国农户家庭粮食储备制度。

（1）建立健全粮食储备管理制度，发挥农户家庭储备重要作用。

2000年，中央决定成立中国储备粮管理总公司，具体负责中央储备粮的经营管理，形成国家粮食专项储备、地方粮食储备、社会粮食储备（企业储备和农户储备）的国家粮食储备管理格局。2008年，国务院编制发布《国家粮食安全中长期发展规划纲要（2008-2020年）》，纲要中明确提出建设"三结合"的粮食储备体系[1]，增强政府调控能力和水平，更好地保障国家粮食安全。同时，鼓励企业向农民提供社会化储备服务，推动农户科学储粮[2]。农户粮食储备已经受到国家战略层面的关注和支持。自党的十八大以来，习近平总书记多次提到藏粮于地、藏粮于技、藏粮于民，确保粮食供给的可持续安全[3]。

（2）增强补贴力度，改善农户储备设施。

2007年11月，国家粮食局在山东、辽宁和四川三省正式开展农户粮食储备

---

① 三结合：中央战略转向储备与调节储备相结合、中央储备和地方储备相结合以及政府储备和企业储备相结合。

② 资料来源：国家发展和改革委员会，http://www.gov.cn/jrzg/2008-11/13/content_1148414.htm。

③ 资料来源：《习近平与"十三五"十四大战略》。

减损工程试点。按照文件规划，政府将在 10 年内为 500 万户小农户提供先进储备设施财政补贴，鼓励小农户采用现代化的粮食储备设施。国家粮食局公布的文件显示，试点省份总共投资 2000 万元用于推进科学储粮工程，农户仅需承担 20% 的费用，其余 80% 的金额由地方和国家财政支付，预计 32 万户农户将使用标准化的小型科学储粮仓。同时，国家和地方也将为试点地区农户提供系统的储粮培训和技术指导。据预测，如果成功实现预期的减损目标，相当于每年增加了 1200 万亩高标准农田①。

（3）推广先进技术，推动科学储粮。

通过贯彻《国家粮食安全中长期规划纲要（2008-2020 年）》精神，国家专门实施农户科学储粮专项工程。同时，各部门和各地方也加强科学储粮的宣传，引导农户改变传统的储粮方法。通过宣传引导、典型示范、现身说法相结合的方式，技术人员入村入户开展科学储粮知识的宣传推广工作；并且，通过成立农户科学储粮技术服务站、建立仓具配发服务点以及提供《农户科学储粮技术手册》等活动，积极为农户提供科学储粮技术的全方位指导。另外，形成跟踪调查和联系制度，在仓具发放、粮食入仓、储粮质量以及仓具使用维护等方面及时提供服务；定期开展入户调查，及时解决农户粮食储备过程中出现的问题，帮助农户提高储粮技术。通过普及科学储粮知识、推广新型仓具，全面提升了农村地区的科学储粮水平，减少储粮损失。

3.2.2　中国农户粮食储备变化趋势

本部分内容基于《全国农村社会经济典型调查资料数据汇编》数据，从农户粮食储备数量和农户粮食储备结构两个维度展示中国农户粮食储备变化趋势。

3.2.2.1　农户粮食储备数量

历史上，绝大多数农户依靠"自产—自储—自消"的方式保障家庭粮食消费安全，政府粮食储备主要用于整个国家行政体系的运转与战争，属于战争储备

---

① 《农户科学储粮专项管理办法》［EB/OL］. http：//www.gov.cn/gzdt/2009-06/24/content_ 134877 3.htm.

（刘悦等，2011）。改革开放后，农民逐渐从农村向城市流动，出现"非农化"趋势；但是，改革开放初期农户依然保持传统消费习惯，并未放松家庭粮食储备。1997年，国家宏观粮食问题得以解决，农户的粮食储备开始松动。21世纪初期，部分农户逐渐依赖粮食市场解决家庭粮食消费。2004年，粮食市场购销改革后，农户家庭储备的下降趋势更加明显，粮食的销售量明显增加，农户更多地选择依靠市场满足家庭粮食消费。

如图3-11所示，进入21世纪以后，农户家庭粮食年末储备占当年粮食产量的比例明显下降；近年来，农户家庭年末储备下降至当年粮食产量的40%左右。具体表现在：第一，农户年末粮食结存数量在21世纪前十年出现较大幅度下滑，这一时期，农户家庭粮食储备数量从2000年的1381公斤下降到2008年的1133公斤[①]。第二，2008年以后，农户家庭粮食年末储备逐渐回升；但是，由于粮食产量大幅增长，年末粮食储备占粮食产量的份额仍然呈现下降趋势。

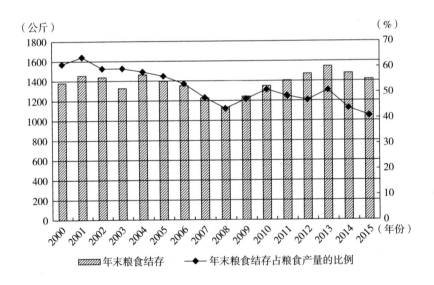

图3-11　农户家庭年末粮食结存变化

资料来源：根据《全国农村社会经济典型调查资料汇编》数据整理。

---

①　2004年，中国进行粮食市场购销改革，粮食购销市场化；此后，越来越多的农户开始依赖市场满足粮食消费，逐渐减少粮食储备。

3.2.2.2　农户粮食储备结构

表 3-1 为 2000~2015 年农户年末总的粮食和各类粮食的结存情况。在农户年末粮食储备中，主要作物品种为三大主粮作物，另外还储备有部分大豆和薯类。其中，主粮作物占绝大多数，小麦、稻谷和玉米占比分别为 18%、31% 和 34%；另外，大豆占比为 2%，薯类占比为 2%。粮食储备主要用途为口粮、饲料和种子。其中约 37% 用于口粮，16% 用于饲料，12% 用于种子①。

表 3-1　年末总的粮食及各类粮食结存情况　　　　单位：公斤/户

年份	年末结存	小麦	稻谷	玉米	大豆	薯类	口粮	饲料	种子
2000	1380.80	—	—	—	—	—	649.40	236.10	44.00
2001	1454.30	—	—	—	—	—	628.10	235.50	42.20
2002	1436.80	—	—	—	—	—	618.50	264.60	37.50
2003	1326.50	300.50	427.50	410.00	26.80	32.80	567.70	249.10	31.70
2004	1463.90	294.10	454.20	480.00	60.70	31.40	591.00	249.00	34.60
2005	1395.40	271.60	444.90	456.50	51.40	26.60	553.70	243.90	33.60
2006	1350.10	261.80	415.70	485.10	36.40	25.40	523.90	232.00	32.20
2007	1226.60	215.10	392.40	466.30	21.30	19.50	463.70	196.90	24.80
2008	1133.30	184.40	374.40	413.20	13.20	3.80	392.90	103.40	9.70
2009	1242.20	206.60	393.40	457.90	22.10	18.70	441.40	193.90	22.90
2010	1346.90	227.16	402.32	453.81	22.41	23.37	477.16	214.42	24.33
2011	1405.10	236.76	419.81	473.51	23.37	24.32	497.64	223.42	25.34
2012	1471.63	247.64	439.75	496.17	24.48	25.39	520.94	233.71	26.51
2013	1545.37	259.87	461.84	521.15	25.71	26.61	546.91	245.23	27.82
2014	1477.85	248.73	441.57	498.26	24.59	25.51	523.16	234.78	26.64
2015	1416.97	238.48	423.34	477.79	23.59	24.47	501.57	225.16	25.55

注："—"表示未统计。

资料来源：根据《全国农村社会经济典型调查资料汇编》数据整理。

---

①　在数据中，口粮、饲料和种子并非农户储备的全部，其他用途的储备未被统计。因此，口粮、饲料和种子占比之和并不等于 100%。

由表 3-1 可知,在农户年末粮食储备中,不同粮食种类的储备情况并未出现明显变化,仍以三大主粮为主①。在用途方面,口粮的规模有所下降,从 2000 年的 649.4 公斤减少到 2015 年的 501.57 公斤。饲料的规模呈现先降后升的"V"型走势,从 2000 年的 236.10 公斤下降至 2008 年的 103.40 公斤,后逐渐升高至 2015 年的 225.16 公斤。种子的规模大幅下降,从 2000 年的 44.00 公斤下降至 2015 年的 25.55 公斤。

3.3 本章小结

本章主要研究如下问题:①利用历年国家统计局粮食产量数据分季节、分品种分析中国粮食生产的产量变化和地域分布。②根据国家有关农户储备的政策文件,介绍中国农户储备制度。③基于《全国农村社会经济典型调查资料数据汇编》数据,从规模和结构两个维度展示中国农户家庭粮食储备变化,主要发现如下:

第一,自改革开放以来,中国的粮食生产大致可以划分为快速增长阶段(1978~1984 年)、震荡徘徊阶段(1985~2003 年)、历史性增长阶段(2004~2015 年)和稳产调整阶段(2016 年至今)四个阶段。目前,中国已经基本实现了"口粮绝对安全、谷物基本自给"的国家粮食安全战略;未来,中国粮食生产将会在保持产量稳定的前提下进行种植结构调整,以满足人民日益增长的物质需求,从"吃得饱"到"吃得好"转变。

第二,三大主粮、早稻、夏粮和秋粮的单位面积产量稳步提升,粮食产量份额和种植结构出现变化。自 1978 年以来,早稻占粮食总产量的份额不断下降,夏粮所占份额保持稳定,秋粮占比上升;并且,早稻播种面积占比下滑,夏粮播

---

① 需要注意的是,在三大主粮中,玉米的储备数量逐渐增长,成为农户第一大储备作物。

种面积占比稍降，秋粮播种面积占比明显提升。同时，在粮食生产中，玉米产量份额大幅度增长，小麦产量占粮食总产量的份额较为稳定，稻谷产量占粮食总产量的份额出现大幅下滑。另外，从种植结构看，稻谷和小麦的播种面积下滑，玉米播种面积快速增长。

第三，中国粮食生产呈现明显的区域性特征。自 1978 年以来，粮食主产区粮食产量稳步增长，从 1978 年的 2.11 亿吨升至 2020 年的 5.26 亿吨，年均增长 2.20%；并且，粮食主产区粮食产量占中国粮食总产量的比例也从 1978 年的 69.31%上升至 2020 年的 78.56%。同时，粮食主产区播种面积呈现先降后升的走势，总体变化不大，维持在 70000~80000 千公顷。另外，玉米优势区的玉米产量和播种面积快速增长；小麦优势区的小麦产量波动上升，小麦播种面积在 21 世纪初期出现大幅下滑，2003 年后稳定回升，近年保持稳定；水稻优势区的水稻产量波动上升，水稻播种面积稳定在 3000 万公顷。

第四，基于《全国农村社会经济典型调查资料数据汇编》数据，本章从农户粮食储备数量和储备结构两个维度展示中国农户粮食储备变化。进入 21 世纪后，农户家庭粮食年末储备占当年粮食产量的比例呈现下降趋势。目前，中国农户年末储备量约占当年产量的 40%。农户粮食储备的主要作物以小麦、稻谷和玉米三大主粮作物为主，其中小麦占比为 18%、稻谷占比为 31%、玉米占比为 34%。从粮食储备用途来看，口粮仍是农户粮食储备的主要用途，其次为饲料，种子的储备规模大幅下降。

第4章　中国农户储粮损失测度

当前，中国粮食供需处于紧平衡（吕新业和冀县卿，2013；王钢和钱龙，2019）。如何缓解不断增长的粮食需求压力，确保粮食安全成为政府施策重点和研究焦点。一般而言，增产和减损是提高粮食供应量的两条主要途径（罗屹等，2020a）。随着中国城镇化建设快速推进和城镇用地规模持续扩张，挤占了农业用地；并且农业生产投入成本（如用工成本、生产资料价格持续上涨）和要素投入的边际产出呈现下降趋势。这些不利因素叠加相对紧缺的自然资源禀赋条件，使中国粮食增产空间有限。当农业科技水平未能出现革命性变革的情况下，中国的粮食产量已经接近"天花板"，必须发挥减少粮食产后损失和浪费对保障粮食安全的重要作用（曹芳芳等，2018a；黄东等，2018）。减少粮食产后损失和浪费不仅能直接增加粮食供给，还能减少资源浪费，符合可持续发展和绿色发展战略。

本章的主要内容包括：①调研设计及实地调研情况。②描述性统计分析样本农户的家庭生产生活特征。③基于调研数据，分品种、分地区、分设备测算中国农户储备损失。④利用测算所得的中国粮食储备损失数据，结合适当减损标准进行减损模拟，评估减少农户储备损失的潜在作用效果。

4.1　引言

农户储备环节是粮食产后系统的核心环节，连接着生产端和消费端。广大农户并非单纯地扮演粮食生产者的角色，也是粮食的储备者、销售者，是粮食价值链的重要参与者。一方面，为增加家庭收入，农户会储备一部分粮食作为商品粮，待价而沽；另一方面，家庭储备是农户用于保障家庭日常消费用粮的重要方式，为了平滑消费、满足日常生产生活的粮食消费，农户会储备相当数量的口粮和饲料粮（柯炳生，1997）。上千年的农耕文化使中国农户形成了储粮备荒的传统，绝大多数小农户通过"自产—自储—自用"的方式保障家庭粮食消费，加上农户的商业销售储备粮，中国农户家庭层面的粮食储备数量庞大，农户储备成为中国粮食储备体系的重要组成部分（罗屹等，2019）。国家粮食局公布的数据显示，2007～2009 年，每年中国农户阶段性储备的粮食数量约为 5000 亿公斤；部分学者的调研数据显示，中国农户家庭粮食储备数量占当年粮食产量的比重为40%～50%（吕新业和刘华，2012）。

相比欧美等发达国家和地区，中国农户家庭粮食储备条件较为简陋，缺少科学的粮食储备设施和先进的储粮技术，农户家庭粮食储备损失严重。在粮食产后系统的各个环节中，农户储备环节的粮食损失情况较为严重。高利伟等（2016）利用物质流分析方法，测算得出农户储备环节损失占中国粮食产后综合损失的比重超过 40%。更值得警惕的是，由于装备简陋、技术落后，农户家庭储备的粮食容易遭受霉变、污染，导致粮食质量损失；并且，质量损失往往难以被肉眼观察，容易被人忽视，对人类健康造成威胁（Sheahan 等，2017）。

根据文献回顾，已有研究为本书提供了良好的基础，但尚存欠缺，可以从以下几个方面完善、拓展：第一，时效性。国内粮食损失或农户粮食储备损失的研究集中在 20 世纪 90 年代；近年来，随着国家推行了包括科学储粮工程在内的一系列减损政策，现有研究可能不能体现当前农业技术条件下的损失情况。第二，全面性。中国幅员辽阔，各地区气候特征、经济发展水平和农户生产生活情况存在较大差异，多数研究采用案例调查或选点实验的方法，局限于某地或某个区域，所得数据和结论可能并不能代表全国整体情况。第三，完整性。多数研究聚焦某个粮食品种，缺乏各个作物品种之间的横向对比，不能准确反映不同作物的储备损失差异；并且，现有研究也未能准确测算减少农户储备损失对保障国家粮食安全、节约资源和保护环境的影响。因此，本章利用大范围、代表性农户调研数据，评估目前中国农户储备环节的粮食损失水平，比较各品种、地域以及设施之间的储备损失差异；同时，通过模拟减少粮食储备损失的正效应，评估减少农户储备损失对粮食安全和资源节约的影响。这对准确掌握中国农户储备损失，更好地保障国家粮食安全具有重要意义。

4.2 调研设计与样本统计分析

4.2.1 调研设计

2016 年，课题组利用先期制定的问卷进行预调研①。预调研的方式为入户问卷调查法，共调研样本农户 40 户。根据预调研中出现的问题，课题组对问卷中存疑的部分进行完善，并结合专家座谈意见，形成最终使用的《2015 年度农户粮食产后损失调查问卷》，并制定调研手册。

问卷共包括收获、干燥、储备和消费四个模块。具体到农户储备环节，主要信息包括农户储备规模（以公斤为单位）、储备时间（以季度为单位）、储备方式以及储备损失（以公斤为单位）。其他信息包括粮食产量、耕地面积、土地利

---

① 调研地点选择在河北省石家庄市藁城区。

用情况等。同时，研究团队通过匹配农业农村部固定观察点数据库获得农户家庭数据，主要包括户主的年龄、性别和受教育水平情况以及家庭收入、家庭人口数量（常住人口数和总人口数）、合作社参与、培训情况、家庭财富条件等数据。

在确定调研样本时，研究团队结合中国粮食生产情况等相关因素，采用分层随机抽样的方法，确定最终的调查地点和调研对象①。具体操作方式为：首先，根据中国粮食种植分布特征将调研区域进行划分；其次，按照本地区粮食产量占全国粮食总产量的份额设定调研权重，粮食产量占比大的地区调研权重更高，即在此区域内选定的调研地点和发放的调研问卷数量更多；最后，在区域内随机选择农户进行入户调研。

目前，中国的主要粮食作物为水稻、小麦和玉米，其他重要的粮油作物包括大豆、红薯、土豆、花生和油菜籽等。因此，本团队与农业农村部农村固定观察点办公室合作，专门针对中国八大类九种粮油作物（包括粳稻、籼稻、小麦、玉米、大豆、油菜籽、红薯、土豆和花生）的收获、储备等环节损失情况进行调查。本部分的调研地点覆盖中国 28 个省份。经整理和核对，共计回收有效问卷 3490 份（见表 4-1）。

表 4-1　粮食产后损失和浪费数据库调研样本分布　　　　单位：个，户

省份	县（区）数	户数	省份	县（区）数	户数
北京	1	15	河南	15	318
天津	2	53	湖北	12	232
河北	8	151	湖南	8	137
山西	8	107	广东	5	74
内蒙古	3	52	广西	11	145

①　农业农村部农村固定观察点于 1984 年经中共中央书记处批准设立，1986 年正式建成并运行至今。20 世纪 90 年代起，全国农村固定观察点系统由中央政策研究室和农业农村部共同领导，具体工作由设立在农业农村部农村经济研究中心的中央政研室农业农村部农村固定观察点办公室负责。农村固定观察点统计制度于 1990 年由国家统计局正式批准。目前该体系通过科学统计方式，选有样本农户 23000 户，分布在全国（除港澳台）的 31 个省（自治区、直辖市）。本次问卷调查的省份涵盖除上海、海南和西藏之外的 28 个省（区、市）。

续表

省份	县（区）数	户数	省份	县（区）数	户数
辽宁	11	245	四川	8	123
吉林	17	277	贵州	5	84
黑龙江	11	177	云南	7	111
江苏	8	175	重庆	5	72
浙江	1	7	陕西	11	157
安徽	10	175	甘肃	6	89
福建	5	95	青海	3	35
江西	8	151	宁夏	2	48
山东	8	147	新疆	3	38

资料来源：根据调研数据整理所得。

4.2.2 样本户基本情况

样本户基本情况如表4-2所示。在所有样本农户中，决策者平均年龄为53.92岁，83%的家庭生产经营决策者为男性，家庭决策者的受教育年限平均为7.16年。其他主要家庭特征统计信息如下：农户家庭常住人口数量平均为3.91人，劳动力数量平均为2.62人；平均耕地面积12.01亩，平均地块数6.18块；农户家庭年平均收入64237.03元，农户家庭距离最近城镇平均为5.34公里。上述统计情况很好地体现了当前中国农业生产的"小规模、老龄化和低人力资本"现状，表明本次调研具有良好的代表性。

表4-2 样本户基本特征

变量	均值	标准差	最小值	最大值
家庭决策者性别（男=1；女=0）	0.83	0.38	0	1
家庭决策者年龄（岁）	53.92	11.06	19	94
家庭决策者受教育年限（年）	7.16	2.58	0	16
常住人口数量（人）	3.91	1.67	0	11

续表

变量	均值	标准差	最小值	最大值
适龄劳动力（人）	2.62	1.17	0	9
耕地面积（亩）	12.01	19.75	0	297
地块数量（块）	6.18	7.56	0	168
家庭年收入（元）	64237.03	57236.47	0	727670
家庭距最近城镇距离（公里）	5.34	5.30	0	85

注：常住人口指1年中在家天数超过180天的人群；适龄劳动力指年龄在18~60岁的人群。

资料来源：笔者根据调研数据整理所得。

样本农户参加社会组织和农业技术培训的情况如表4-3所示。在样本农户中，参加社会组织和具有培训经历的家庭占比较小。其中，参加合作社的农户占比6%，与龙头企业合作的农户仅为1%；具有农业技术教育经历的农户为7%，具有农业培训经历的农户为13%。这些情况表明受访农户一方面并不热衷于参加培训项目或合作社；另一方面可能是现有培训项目对农户的吸引力不足。合作社也存在相同问题。

表4-3　农户社会组织参与和培训情况

变量	均值	标准差	最小值	最大值
合作社成员（是=1；否=0）	0.06	0.24	0	1
与龙头企业合作（是=1；否=0）	0.01	0.09	0	1
农业技术教育（是=1；否=0）	0.07	0.25	0	1
农业培训（是=1；否=0）	0.13	0.33	0	1

资料来源：笔者根据调研数据整理所得。

4.2.3　农户家庭粮食储备

随着中国社会经济发展、粮食市场发育完善以及农村劳动力频繁流动，农户粮食储备出现变化：一是收入水平升高及家庭人口流动等因素导致越来越多的农

农户储粮损失和储粮决策研究——以玉米为例

户通过市场满足家庭日常粮食消费，农户家庭储备规模和储备时间均呈现下降走势（魏霄云和史清华，2020）；二是土地流转等政策推动种粮大户等新型经营主体涌现，由于粮食产量增长，这部分农户的粮食储备数量可能增加（虞洪，2016；向安宁，2016）。深刻理解和准确把握当前中国农户粮食储备现状是进行后续研究的重要基础。因此，本部分基于调研数据，将农户储备数量分为入仓量，距收获期 3 个月末余量、6 个月末余量、9 个月末余量和 12 个月末余量展示中国农户粮食储备变化情况；中国粮食生产主要集中在主产区，在统计时，本部分将农户按地域划分为粮食主产区农户和非粮食主产区农户，分别统计其粮食储备情况，如图 4-1 所示。

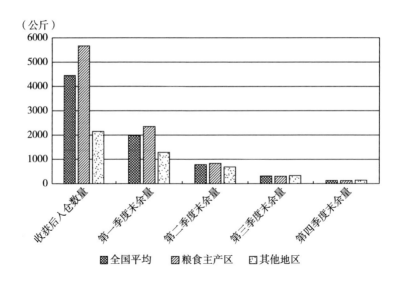

图 4-1　样本户储粮数量

注：第一季度表示收获后的第一个季度，即距离收获 3 个月，第二、第三、第四季度以此类推。

资料来源：笔者根据调研数据整理所得。

图 4-1 为"2015 年度粮食行业公益性科研专项——粮食产后损失与浪费调查"中农户储备情况统计。当前，中国农户收获后储备数量约为 4500 公斤，收获后 3 个月末农户储备数量约为 2000 公斤，收获后 6 个月末余量不到 1000 公

·72·

斤，收获后9个月末余量约为300公斤，收获后12个月末余量约为100公斤。这说明中国农户在收获后3个月内就出售了大部分粮食，收获后6个月几乎将全部的商业库存售出，仅留足家庭后半年的口粮。无论是粮食主产区还是其他地区的农户，其一年内的粮食储备变化基本一致。两者的主要区别在于粮食主产区农户的粮食入仓数量、收获后3个月末余粮和收获后6个月末余粮多于非主产区农户，主要原因是粮食主产区农户耕地规模更大、粮食收获量更多。

从产量来看，中国的粮食生产以玉米、小麦和稻谷三大主要粮食作物为主，其他粮食作物为辅。受生产影响，农户家庭粮食储备品种主要是三大主粮作物。本部也按照作物品种，分别统计农户家庭粮食储备数量及储备率，如图4-2所示。

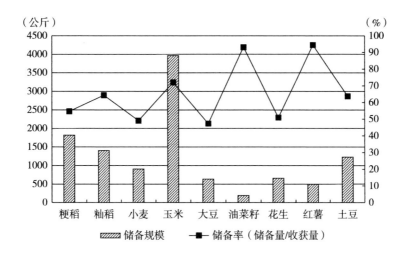

图4-2 农户粮食储备结构

资料来源："2015年度粮食行业公益性科研专项——粮食产后损失与浪费调查"。

图4-2为不同作物品种的农户储备情况。可见，农户储备规模最大的作物为玉米，储备量约为4000公斤，入仓数量占当年产量的72%；排在第二位的为粳稻，规模约为1800公斤，入仓数量占当年产量的55%；第三位为籼稻，规模约为1400公斤，入仓数量占当年产量的64%；土豆排在第四位，规模约为1200公

斤，入仓数量占当年产量的64%；排在第五位的是小麦，规模约为900公斤，入仓数量占当年产量的49%。其他粮油作物的储备规模如下：大豆约为635公斤、油菜籽约为189公斤、花生约为658公斤、红薯约为496公斤，这几类作物的入仓量占产量的比重分别为47%、93%、51%和94%。

4.3 储备损失测算方法与结果分析

4.3.1 储备损失测算方法

本节的研究重点是基于全国大范围、代表性的调研数据，测算中国主要粮油作物农户储备环节的损失水平，并对比各品种、各地区和各设备之间的差异。储备损失包括质量和数量损失两大类，本部分关注农户储粮的数量损失，并未对农户储备环节的质量损失进行调查。在调研问卷中，农户储粮损失分为鼠害、虫害和霉变三类损失，农户以公斤为单位报告损失情况。根据以往的研究，本部分使用储备损失率作为农户粮食储备损失的显示指标，即：

$$\text{Storage Loss}\% = \text{storgae loss}/\text{storage} \tag{4-1}$$

其中，Storage Loss%表示储备损失率，由储备损失（storgae loss）除以入仓总量（storage）得出。

由于本部分需要对比各地区农户储备损失差异，在研究中引入地区综合损失率指标。地区综合损失率的计算方法为：某一品种储备损失率乘以对应的储备权重，然后加总，即：

$$\text{Storage Loss(region)} = \sum \beta_i \times \text{storage loss}(\%)_i \tag{4-2}$$

其中，β_i表示某一品种的储备权重，为该地区农户某品种储备数量占地区总储备数量的比例，storage loss(%)$_i$表示该地区某品种的农户储备损失率。

4.3.2　农户储备损失测算结果

4.3.2.1　品种差异

在调研过程中，农户储备损失被划分为鼠害、虫害以及霉变三类，各粮油品种农户储备损失及三类损失的具体情况如图 4-3 所示。

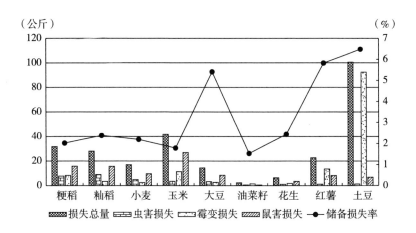

图 4-3　中国农户储粮损失（分品种）

资料来源："2015 年度粮食行业公益性科研专项——粮食产后损失与浪费调查"。

由图 4-3 可知，在八大类粮油作物品种中，农户储备环节损失最严重的作物是土豆，储备损失率为 6.48%；其次为红薯，储备损失率为 5.82%；最低的作物为油菜籽，储备损失率为 1.52%。三大主粮作物的农户储备损失较为接近，损失率均在 2% 左右，其中，粳稻为 2.02%、籼稻为 2.38%、小麦为 2.19%、玉米为 1.78%。其余作物的农户储备损失率如下：花生为 2.43%、大豆为 5.40%。

从储备损失的主要来源看，粳稻、籼稻、小麦、玉米、大豆以及花生等作物的主要储备损失来自鼠害；油菜籽、红薯以及土豆的主要储备损失来源为霉变；除粳稻、籼稻以及小麦外，其他作物因虫害造成的储备损失较轻。

4.3.2.2 区域差异

中国各地区间的经济发展水平、地理气候条件和农户粮食生产经营行为存在差异，全国总体层面的农户粮食储备损失水平可能不能准确反映各地区农户粮食储备损失情况。因此，有必要对各省份农户粮食储备损失进行详细统计。基于中国粮食生产现状，本部分将区域划分为粮食主产区和非主产区，分别统计这两个区域的农户粮食储备损失，结果如图 4-4 所示。

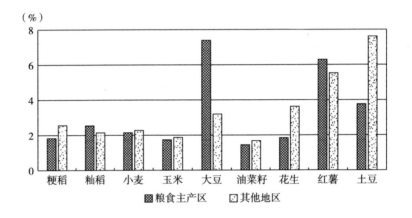

图 4-4　不同地区农户储粮损失

资料来源："2015 年度粮食行业公益性科研专项——粮食产后损失与浪费调查"。

由图 4-4 可知，除籼稻、大豆和红薯三种作物外，粮食主产区农户的粮食储备损失低于其他地区。可能的原因是粮食主产区农户生产效率高于非主产区农户；同时，粮食主产区农户的收入主要来自粮食生产，为了降低储备损失造成的经济损失，主产区农户更可能采用科学储粮设施，其储备管理技术水平也强于非主产区农户。

当然，由于各地区间的基础设施、经济发展水平以及气候条件存在差异，主产区内部的农户储备损失可能也存在区别。对此，本部分分别统计 13 个粮食主产区的农户粮食储备综合损失率，综合式（4-2）储备损失率的计算方法，统计结果如图 4-5 所示。

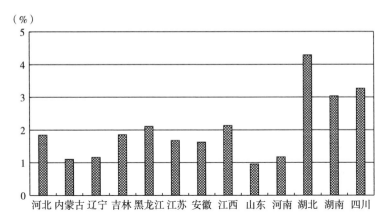

图 4-5　粮食主产区农户储粮损失

资料来源："2015 年度粮食行业公益性科研专项——粮食产后损失与浪费调查"。

由图 4-5 可知，总体而言，北方地区农户粮食储备损失水平比南方地区低，东部地区农户粮食储备损失水平比中西部低。可能的原因主要包括以下两点：一是北方地区气候干燥，南方地区气候温暖潮湿。气候潮湿的地区，啮齿动物、虫类繁殖速度快；并且，气候潮湿地区谷物更容易发生霉变（Mendoza 等，2017）。二是东部地区经济发达，基础设施条件较好；中西部地区经济较为落后，基础设施和科技发展水平低于东部地区。位于经济发达地区的农户更有可能接触、购买先进的储备设施，并学习科学的储粮技术（Bendinelli 等，2020）。具体到粮食主产区内各省份，山东省的农户综合粮食储备损失最低，综合储粮损失率仅为0.95%；其次为内蒙古自治区和辽宁省，综合储备损失率分别为 1.10%和 1.16%；湖北省的综合储粮损失率最高，达 4.29%。

4.3.2.3　储粮设备差异

改进储备设施是降低粮食储备损失的重要方式（Sheahan 等，2017）。现有研究发现，具有良好密闭性的储备设施能降低储备空间的含氧量，阻止有害生物繁殖；并且，先进设施一般采用金属制作，能阻隔老鼠等啮齿动物袭扰谷物。因此，使用先进的储备设施能降低农户储备损失（Groote 等，2013）。在调研问卷中，本部分收集中国农户日常采用的储粮设备信息，并分类统计不同储备设施的粮食储备损失，结果如图 4-6 所示。

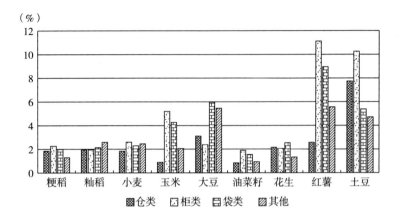

图 4-6 不同储藏设备的农户储粮损失

注：仓类设备包括金属仓、砖混仓、仓房、钢骨架仓和金属网仓等；柜类设备包括木柜和石柜；袋类包括袋装、框装等；其他包括一些专用设备，如筏子（籼稻）、吊子（玉米）、玉米篓子（玉米）等。

资料来源："2015 年度粮食行业公益性科研专项——粮食产后损失与浪费调查"。

由图 4-6 可知，在农户常用的储备设施中，对于大部分粮油作物而言，仓类设施的储备损失最低，柜类设施的储备损失较为严重。分品种看，三大主粮作物（水稻、小麦和玉米）、油菜籽和红薯等作物适宜储备于仓类设施；花生和土豆适宜使用专用设施储存，大豆适合储存在柜类设备。分类统计表明，不同作物适用的储备设施并非一致，需要根据作物品种推广相适宜的储备设施。

4.4 农户储备损失控制效果模拟

基于前文的测算结果，本节结合一定的减损标准进行农户储备环节减损效果模拟，评估减少农户储备损失对保障国家粮食安全和节约资源的影响。

4.4.1 减损标准

2009 年，国家粮食局公布了《实施农村粮食产后减损安全保障工程指导意见》，文件中明确表示通过实施农村粮食产后减损安全保障工程，使项目试点农户减少储粮损失 5%左右，使全国农户减少粮食产后损失 2%左右[1]。国家粮食局相关领导表示，农户科学储粮工程取得了良好的效果，农户平均粮食储备损失率已经由 8%降至 1.5%[2]。相关研究表明，发达国家地区农户或者采用具备良好气密性的密封储备设施能使农户家庭粮食储备损失水平低于 1%（Villers 等，2010）；《粮油仓储管理办法》中明确规定，中央和地方储备库一年内的粮食储备损失不能超过 0.15%[3]。

4.4.2　减损效果

假设中国农户粮食储备损失水平分别达到上述三个标准（1.50%、1.00%和 0.15%），结合前文的储备损失评估结果，可以计算出减损所节约的粮食产量，并评估减损对资源和环境的影响。

随着社会经济的不断发展，粮食市场发育程度越来越高，部分农户依靠市场满足粮食消费，中国农户家庭储粮数量逐渐下降。结合近年数据，并参考前人研究，本部分设定中国农户家庭粮食储备数量为当年粮食产量的 40%[4]。

根据国家统计局发布的粮食产量数据和本研究测算的各品种农户储备损失，结合设定的三种储备损失标准，模拟得出的减损情况如表 4-4 所示。如果中国农户储备损失水平达到国家预期标准（1.50%），将增加中国粮食供给量 203.44 万吨，其中水稻 57.94 万吨、小麦 35.56 万吨、玉米 24.59 万吨、豆类 26.98 万吨、薯类 58.37 万吨。如果中国农户储备损失水平达到国外先进标准（1.00%），将增加中国粮食供给量 324.73 万吨，其中水稻 99.33 万吨、小麦 61.33 万吨、玉米 68.50 万吨、豆类 30.44 万吨、薯类 65.13 万吨。如果中国农户储备损失水平

---

① 资料来源：国家粮食和物资储备局，http：//www.lswz.gov.cn/html/ywpd/hykj/2018-06/11/content_ 210676.shtml。

② 资料来源：农业农村部，http：//www.moa.gov.cn/govpublic/NCJJTZ/201809/t20180903_ 6156688.htm。

③ 资料来源：国家发展和改革委员会，http：//www.gov.cn/gzdt/att/att/site1/20100120/001e3741a2cc0cc0fef501.pdf。

④ 具体设定标准参考吕新业和刘华（2012）以及《全国农村社会经济典型调查资料数据汇编》。

达到国家粮食储备库的规定标准（0.15%），将增加中国粮食供给量530.90万吨，其中水稻169.69万吨、小麦105.14万吨、玉米143.15万吨、豆类36.32万吨、薯类76.61万吨。

表4-4　减损节粮效果　　　　　　　　　　　　　　　　单位:%，万吨

品种	农户储粮损失	国家预期标准	国外先进标准	储备库标准	农户储粮数量	减损模拟情况		
						国家预期标准	国外先进标准	储备库标准
水稻	2.20				8342.40	57.94	99.33	169.69
小麦	2.19				5190.96	35.56	61.33	105.14
玉米	1.78	1.50	1.00	0.15	8635.64	24.59	68.50	143.15
豆类	5.40				766.76	26.98	30.44	36.32
薯类	5.82				1367.56	58.37	65.13	76.61
合计	—	—	—	—	—	203.44	324.73	530.90

注：水稻损失率为籼稻、粳稻平均损失率，豆类损失率为大豆损失率，薯类损失率为土豆损失率；"—"表示未统计。

资料来源：笔者计算所得，粮食生产数据来自国家统计局。

根据减损模拟得出的节粮数据，并结合粮食生产投入的水、耕地和化肥情况，可进一步评估减少农户储备损失对保障国家粮食安全、减少资源浪费的影响，评估结果如表4-5所示。根据模拟结果，减少农户储备损失对保障国家粮食安全、节约资源意义重大。如果农户储备损失水平达到国家预期标准（1.50%），相当于节约耕地48.82万公顷、化肥14.84万吨、水资源23.40亿立方米，节约的粮食可满足452.10万人1年的食物消费；如果农户储备损失水平达到国外先进标准（1.00%），相当于节约耕地70.42万公顷、化肥22.44万吨、水资源36.48亿立方米，节约的粮食可满足721.61万人1年的食物消费；如果中国农户储备损失水平达到国有粮食储备库的水平（0.15%），相当于节约耕地107.13万公顷、化肥35.35万吨、水资源58.72亿立方米，节约的粮食可满足1179.79万人1年的食物消费。

表4-5 减损对粮食安全和资源的影响

单位：万公顷，万吨，亿立方米，万人

品种	节约耕地			节约化肥（折纯）			节约水资源			可供一年消费的人数		
	国家预期标准（1.50%）	国外先进标准（1.00%）	储备库标准（0.15%）	国家预期标准（1.50%）	国外先进标准（1.00%）	储备库标准（0.15%）	国家预期标准（1.50%）	国外先进标准（1.00%）	储备库标准（0.15%）	国家预期标准（1.50%）	国外先进标准（1.00%）	储备库标准（0.15%）
水稻	8.39	14.37	24.56	2.85	4.88	8.34	7.53	12.91	22.06	128.76	220.73	377.08
小麦	6.57	11.34	19.43	2.69	4.65	7.97	3.88	6.69	11.46	79.03	136.29	233.65
玉米	4.04	11.25	23.51	1.50	4.19	8.76	2.04	5.68	11.88	54.64	152.22	318.11
大豆	14.58	16.45	19.63	1.87	2.11	2.52	7.90	8.92	10.64	59.95	67.64	80.71
薯类	15.24	17.00	20.00	5.92	6.61	7.77	2.04	2.28	2.68	129.71	144.72	170.25
合计	48.82	70.42	107.13	14.84	22.44	35.35	23.40	36.48	58.72	452.10	721.61	1179.79

注：耕地、化肥数据来自《农产品成本收益资料2017》，水足迹数据来自孙世坤等的《中国主要粮食作物的生产水足迹量化及评价》；现阶段，中国每人每年消费原粮约450公斤，设置粮食原粮转换率为1:1。

资料来源：笔者计算所得。

调研数据表明，农户储备损失水平达到国家预期标准的难度较低，部分农户的粮食储备损失水平已经达到该标准；农户储备损失水平距离国外先进标准仍存差距，这对农户家庭储备设施和农户粮食储备技术提出更高的要求。但是，通过推广先进的储备设施、提高农户储备技术仍然能够实现这一目标。现阶段，推动农户储备损失水平达到国有粮库的规定标准难度较大。不仅需要国家增加支出，建设先进的粮仓，而且需要提升农户素质和储备管理水平。这些措施的成本较高，从经济上而言可能并不划算。

4.4.3 减少农户储备损失对碳足迹的影响

2013年，FAO发布了《浪费食物碳足迹》报告，表明粮食浪费产生的碳排放量已经超过30亿吨，成为世界第三大碳排放"国"[1]。为分析储粮损失对环境

---

[1] Food Wastage Footprint：Impacts on Natural Resources［EB/OL］. http：//www.fao.org/3/i3347e/i3347e.pdf.

造成的影响,本部分将评估农户储备损失造成的无效碳成本。

为了明确中国不同作物粮食储备损失对碳足迹影响,本部分计算三种主要粮食作物和大豆的储备损失碳足迹,并对不同省份作物储备损失的单位碳足迹进行计算。计算方法如下:

$$CF_{ck} = CF_{area} \times A / Y_{att} \tag{4-3}$$

其中,CF_{ck} 表示不同粮食品种的参考碳足迹,CF_{area} 表示不同省份不同粮食品种的单位面积碳足迹,A 表示受访户种植该粮食品种的面积,Y_{att} 表示该农户家庭的储备数量。

$$CF_{sj} = CF_{area} \times A / Y_{act} \tag{4-4}$$

其中,CF_{sj} 表示各作物实际碳足迹(kg CO_2-EQ kg^{-1}),Y_{act} 表示该农户扣除损失后的实际储粮数量(公斤)。

为评价储粮损失对国家整体层面碳足迹的影响,本部分使用各省份相应粮食品种 2015 年的产量作为权重,计算各省份碳足迹的加权平均值作为全国碳足迹的平均水平。

三种作物生产单位面积碳足迹排放数据来源于相关研究[1]。在研究中,基于中国各省份十年期(2005~2014 年)农业生产数据,基于生命周期评价法(Life Cycle Assessment, LCA)[2] 得出三大主粮作物生产中产生的碳排放[3]。本部分使用上述 2005~2014 年省域层面水稻、小麦和玉米的单位面积碳足迹的平均数为

① 资料来源:*Carbon Footprint of Crop Production in China: An Analysis of National Statistics Data*,该研究详细说明了各省份数据来源和计算方法。其研究中从国家统计局公布的数据中收集中国主要农作物的数据,包括耕作面积、产量、化肥、农药、柴油、塑料薄膜、灌溉用水和化肥施用率等,从而对排放因子进行量化。

② LCA 的目标是评估作物产量和单位面积的水稻、小麦和玉米的碳足迹,即 kg CO_2 $EQkg^{-1}$ 和 CO_2 $EQHA^{-1}$(称为 PCF 和 FCF)。此次主要考虑了三种主要粮食作物的 GHGs、CO_2、N_2O 和 CH_4。功能单位为每公斤粮食产量和公顷耕地的温室气体排放量。系统边界包括发电、汽油和柴油生产、制造的所有温室气体排放。农业物料包括氮肥、磷肥肥料、钾肥、杀虫剂、包装袋和塑料覆盖物;机械作业指耕耘、播种、灌溉、收获、包装和运输。土壤有机碳净收支,如氮肥、粪肥和残留物的 N_2O 排放以及稻田 CH_4 排放也包括在此次的生命周期评价中。

③ 碳足迹包括的时间边界范围为播种前的准备活动(包括平整土地等)到成熟收割后的运输、储备;排放清单包括生产过程中由于能源消耗(包括化石能源使用)、生产资料(包括化肥、农药等)的生产和相关联的农业活动造成的碳排放。

基准，计算因储粮损失所导致的碳足迹变动。考虑到样本的代表性，本部分剔除了小麦、水稻和玉米产量在 5% 和 95% 分位点以外的观察值。

三种主要粮食作物全国层面碳足迹和不同省（区、市）碳足迹计算结果如表 4-6 所示。结果显示，在全国层面，储备损失对三大主粮作物碳足迹的影响存在差异；储粮损失对玉米碳足迹的影响较小，对水稻和小麦的碳足迹造成重要影响。储备损失使小麦单位产量碳足迹从 $0.70\text{kg CO}_2\text{-eq kg}^{-1}$ 上升至 $0.71\text{kg CO}_2\text{-eq kg}^{-1}$，增长 1.43%；水稻的碳足迹从 $1.61\text{kg CO}_2\text{-eq kg}^{-1}$ 上升至 $1.63\text{kg CO}_2\text{-eq kg}^{-1}$，增长 1.24%。

表 4-6　省域粮食作物碳足迹　　　　单位：$\text{kg CO}_2\text{-eq kg}^{-1}$

省份	小麦		水稻		玉米	
	CF_{ck}	CF_{sj}	CF_{ck}	CF_{sj}	CF_{ck}	CF_{sj}
北京	—	—	—	—	0.71	0.71
天津	0.53	0.53	—	—	0.58	0.58
河北	1.52	1.54	—	—	0.57	0.57
山西	0.40	0.40	—	—	0.24	0.25
内蒙古	0.72	0.72	—	—	0.28	0.28
辽宁	—	—	1.90	1.91	0.46	0.47
吉林	—	—	0.74	0.74	0.28	0.29
黑龙江	—	—	0.46	0.47	0.73	0.73
江苏	0.71	0.71	2.47	2.48	0.45	0.46
浙江	—	—	2.49	2.53	—	—
安徽	0.74	0.74	3.08	3.09	0.36	0.36
福建	—	—	3.68	3.70	—	—
江西	—	—	1.21	1.22	—	—
山东	0.47	0.47	0.84	0.84	0.38	0.38
河南	0.41	0.41	—	—	0.34	0.35
湖北	0.63	0.64	1.52	1.53	0.71	0.72
湖南	—	—	0.65	0.66	0.33	0.34
广东	—	—	3.41	3.53	—	—
广西	—	—	3.08	3.11	1.11	1.16
四川	0.26	0.26	1.03	1.05	0.41	0.42
贵州	—	—	2.04	2.07	0.34	0.36

续表

省份	小麦		水稻		玉米	
	CF_{ck}	CF_{sj}	CF_{ck}	CF_{sj}	CF_{ck}	CF_{sj}
云南	0.50	0.50	1.43	1.46	0.65	0.67
重庆	—	—	2.37	2.40	0.57	0.58
陕西	1.20	1.21	1.69	1.70	0.76	0.77
甘肃	0.44	0.44	—	—	0.37	0.38
青海	0.46	0.47	—	—	—	—
宁夏	0.61	0.62	—	—	0.49	0.49
新疆	1.30	1.32	—	—	1.33	1.35
全国	0.70	0.71	1.61	1.63	0.59	0.59

注：CF_{ck} 为没有损失的碳足迹，CF_{sj} 表示考虑储备损失的碳足迹；"—"表示未统计。
资料来源：笔者计算所得。

从不同省份来看，考虑储备损失后，四川的小麦参考碳足迹（CF_{ck}）只有河北省参考碳足迹的 17.11%，是所有省份中最低的，表明四川的小麦生产相对高效。同时，四川小麦的 CF_{ck} 与 CF_{sj} 均为 0.26，这表明储备损失并未使四川小麦碳足迹发生明显改变。在所有省份中，小麦碳足迹最高的是河北；并且，储备损失使河北的实际碳足迹由参考碳足迹 1.52 kg CO_2-eq kg^{-1} 提高到 1.54 kg CO_2-eqkg^{-1}，增长 1.32%。

黑龙江的水稻碳足迹最低，为 0.46 kg CO_2-eq kg^{-1}，储备损失使其实际碳足迹增加 2.17%。福建的水稻碳足迹最高，实际碳足迹为 3.70 kg CO_2-eq kg^{-1}。另外，储备损失造成广东的水稻碳足迹增长最高，其 CF_{sj} 比 CF_{ck} 增加了 3.28%。

从全国层面来看，在三大主粮作物中，玉米的碳足迹小于其他两种作物。在所有省份中，山西的玉米实际碳足迹（CF_{sj}）最低，为 0.25 kg CO_2-eq kg^{-1}，只有新疆的 18.52%。同时，储备损失使贵州的 CF_{sj} 比 CF_{ck} 增加了 5.05%，玉米碳排放增长率为各省首位；广西和湖南的玉米碳排放增长也较为明显，分别增长3.95% 和 3.86%。

分区域来看，三大主粮作物碳足迹由东到西逐渐降低，位于东南地区的省（区）碳足迹较高。如若将三种作物碳足迹转化为温室气体排放，则储备损失造成高昂的无效碳成本（见表 4-7）。从全国层面来看，三大主粮作物储备损失造成的无效碳成本高达 3.38×10^{10} kg CO_2-eq。具体到不同粮食品种，水稻储备损失造成的无效碳成本最高，约占总无效碳成本的一半；小麦储备损失造成的无效碳成本在三大主要粮食作物中最低，为总无效碳成本的 13.31%。

表 4-7　三种主要粮食作物碳足迹和无效碳成本

品种	CE_{ck}	CE_{sj}	无效碳成本（10^{10}kg CO_2-eq）
小麦	8.89	9.01	0.45
水稻	32.90	33.31	1.64
玉米	13.04	13.04	1.29
全国	54.83	55.36	3.38

资料来源：笔者计算所得。

根据估计，减少农户储备损失明显降低碳排放，评估结果如表 4-8 所示。总体来看，如果农户储备损失水平达到国家预期标准，将减少碳排放 32.22 万吨；如果农户储备损失水平达到国外先进标准，将减少碳排放 56.75 万吨；如果农户储备损失水平达到国有粮食储备库的水平，将减少碳排放 98.52 万吨。具体到不同作物，在三大主粮作物和大豆中，水稻的减排效果最为明显，水稻减排量占总减排量的比例超过 60%。

表 4-8　国家层面减损减排情况

单位：kg CE/kg grain，%，万吨

品种	储备损失	减损标准			粮食储量	碳足迹	减损减排模拟		
		国家预期	国外先进	储备库			国家预期	国外先进	储备库
水稻	2.20				8342.40	0.37	21.61	37.04	63.28
小麦	2.19	1.50	1.00	0.15	5190.96	0.14	5.01	8.59	14.72
玉米	1.78				8635.64	0.12	2.90	8.08	16.89
豆类	5.40				766.76	0.10	2.70	3.04	3.63
合计	—	—	—	—	—	—	32.22	56.75	98.52

注：水稻损失率为籼稻、粳稻平均损失率，豆类损失率为大豆损失率，农户粮食储量依然设定为总产量的 40%。碳足迹数据来自 *Carbon Footprint of Crop Production in China：An Analysis of National Statistics Data*。
资料来源：笔者计算所得。

4.5 本章小结

本章利用"2015 年度粮食行业公益性科研专项——粮食产后损失与浪费调查"调研数据，测算中国农户粮食储备损失水平，对各品种、各地域、各设备的农户粮食储备损失差异进行比较分析，并识别不同作物储备损失的主要原因。同时，本章根据中国的实际储备损失情况，结合三个减损标准模拟减少农户储粮损失对保障国家粮食安全、节约资源和保护环境的影响，本章节的主要结论如下：

第一，根据调研数据，当前中国农户收获后储备数量约为 4500 公斤，收获后 3 个月末农户储备数量约为 2000 公斤，收获后 6 个月末余量不到 1000 公斤，收获后 9 个月末余量约为 300 公斤，收获后 12 个月末余量约为 100 公斤。不同品种的农户粮食储备规模存在差异。其中，玉米储备规模最大，储备量约为 4000 公斤；排在第二位的为粳稻，储备规模约为 1800 公斤；排在第三位的为籼稻，储备规模约为 1400 公斤；土豆储备规模排在第四位，约为 1200 公斤；而后是小麦，约为 900 公斤。其他粮油作物的储备规模如下：大豆约为 635 公斤，油菜籽约为 189 公斤，花生约为 658 公斤，红薯约为 496 公斤。

第二，不同作物的储备损失水平大同小异，三大主要粮食作物（水稻、玉米和小麦）的农户粮食储备损失水平相近，约 2%。分品种来看，在八大类九种粮油作物品种中，农户储备损失最高的作物是土豆，储备损失率达 6.48%；其次为红薯，储备损失率为 5.82%；农户储备损失水平最低的作物为油菜籽，储备损失率为 1.52%；其余作物储备损失率如下：粳稻为 2.02%，籼稻为 2.38%，小麦为 2.19%，玉米为 1.78%，花生为 2.43%，大豆为 5.40%。从损失来源来看，稻谷、小麦、玉米、大豆和花生的主要损失来自鼠害；油菜籽、红薯和土豆的主要损失来自霉变；除稻谷和小麦，其他作物因虫害造成的储备损失较轻。

第三，中国各地区的农户储备损失水平存在差异，粮食主产区农户储备损失水平低于其他地区。具体到粮食主产区内各省份，山东农户粮食储备损失最低，综合储备损失率为 0.95%；其次为内蒙古和辽宁，综合储备损失率分别为 1.10% 和 1.16%；湖北农户储备损失最高，综合储备损失率为 4.29%。另外，不同储备设施的农户储备损失并非一致。在农户日常使用的各类储备设施中，对于大部分粮油作物而言，仓类设施的储备损失水平最低，柜类储备设施的损失较为严重。分品种来看，三大主要粮食作物（水稻、小麦和玉米）、油菜籽和红薯适宜使用仓类设施储备；花生和土豆等两类作物适宜储存于专用设施，大豆适合储存于柜类设施。

第四，减少农户储备损失对保障国家粮食安全、节约资源具有重要意义。如果农户储备损失水平达到国家预期标准（1.50%），相当于节约耕地 48.82 万公顷、化肥 14.84 万吨、水资源 23.40 亿立方米，节约的粮食可满足 452.10 万人 1 年的食物消费；如果农户储备损失水平达到国外先进标准（1.00%），相当于节约耕地 70.42 万公顷、化肥 22.44 万吨、水资源 36.48 亿立方米，节约的粮食可满足 721.61 万人 1 年的食物消费；如果中国农户储备损失水平达到国有粮食储备库的标准，相当于节约耕地 107.13 万公顷、化肥 35.35 万吨、水资源 58.72 亿立方米，节约的粮食可满足 1179.79 万人 1 年的食物消费。另外，三大主要粮食作物的碳足迹大体呈现出东中西递减的趋势。如若将三大主要粮食作物碳足迹转化为温室气体排放，储备损失增加的无效碳成本达 $3.38 \times 10^{10} kg\ CO_2\text{-eq}$。如果农户储备损失水平达到国家预期标准（1.50%），能够减少碳排放 32.22 万吨；如果农户储备损失水平达到国外先进标准，将减少碳排放 56.75 万吨；如果农户储备损失水平达到国有粮食储备库的水平，将减少碳排放 98.52 万吨。

第5章 农户玉米储备损失
影响因素研究

农户家庭储备已经成为国家粮食储备体系的重要组成部分，是国家粮食市场的"蓄水池"和"稳定器"，在保障中国粮食安全方面发挥重要作用（张瑞娟等，2014）。在粮食生产面临"天花板"的情况下，减少农户粮食储备损失有助于保障国家粮食安全并节约水土和化肥等粮食生产投入资源，也能有效降低碳排放，保护环境。在粮食产后系统中，农户储备居于核心环节，农户储备数量依然庞大；并且多数中小农户缺少先进的储备设施和科学的储粮技术，储粮损失严重（高利伟等，2016）。

第4章的描述性统计结果表明，作物品种、家庭所处地域以及粮食储备设施等因素都将导致农户储备损失差异。然而，这些因素只是停留在表面的直观认识，有必要利用计量经济模型定量分析与农户粮食储备损失关系密切的重要因素，并提出更具有针对性的减损办法，为更好地保障国家粮食安全提供研究支持。

本章将建立计量经济模型（Franction Logit），实证分析影响中国农户储备损失的主要因素，从而提出针对性减损建议，所用数据来源于"国家粮食行业公益性科研专项——粮食产后损失与浪费调查"课题组的实地调研（详见第4章说明）。本章以玉米为研究对象，研究如下内容：①基于调研数据，采用描述性统计分析方法，分析造成农户玉米储备损失差异的潜在因素。②运用Franction Logit模型实证分析与中国农户玉米储备损失相关的重要因素。③稳健性检验及异质性分析，各地区农户生产生活行为存在差异，同时，为验证结论稳健性，本章将各地区样本分别引入模型，采用分样本估计的方式研究不同地区农户玉米储备损失的影响因素。

本章利用全国大范围、代表性的农户家庭调研数据，以玉米为例，采用Fractional Logit 模型实证研究影响农户玉米储备损失的主要因素。玉米是中国重要的粮食和饲料作物，产量连续多年位居中国各作物品种之首。2020 年，中国玉米产量达 26067 万吨，占中国粮食总产量的 39%；玉米种植面积为 4126.4 万公顷，玉米播种面积占粮食播种总面积的 35%①。从全球角度来看，2019 年中国的玉米产量为 2.61 亿吨，仅次于美国的 3.41 亿吨，位居世界第二位②。因此，以玉米为例，分析玉米储备损失影响因素具有代表性和重要的现实意义。

5.1 数据来源及样本情况

本章所用数据来自 "2015 年度粮食行业公益性科研专项——粮食产后损失与浪费调查"，调研过程中采用问卷调查法和访谈法相结合的方式获取数据。玉米样本来自北京、天津、河北、山西、内蒙古、辽宁、吉林、黑龙江、江苏、安徽、山东、河南、湖北、湖南、广西、四川、贵州、云南、重庆、陕西、甘肃、宁夏和新疆共 23 个省份。2020 年，这 23 个省份玉米产量占全国总产量的 99%以上。此次调研覆盖了绝大多数玉米主产省，样本范围横跨中国东中西部及东北全部地区，并且囊括北方春玉米区、黄淮平原春夏播玉米区、西南山地丘陵玉米区、南方丘陵玉米区、西北内陆玉米区五大玉米种植区，在空间分布上具有良好的代表性。在实际调查过程中，经过培训的调查员走访农户家庭，由受访者直接回答问卷。本次调查在上述 23 个省份共收回有效问卷 1196 份。

---

① 资料来源：中国国家统计局，http://www.stats.gov.cn/tjsj/zxfb/202012/t20201210_ 1808377.html。
② 资料来源：FAO 数据库，http://www.fao.org/faostat/en/。

调研收集农户玉米储备损失信息以及上一年度的其他信息。问卷调查的重要信息包括：①收获期后储存玉米数量。②储存期间玉米损失情况（分为虫害、鼠害和霉变三类）。③玉米储备设施。

家庭决策者或户主以公斤为单位汇报家庭玉米储备数量和损失数量。需要注意的是，本章所用数据来自农户估计，部分研究人员认为农户估计的数据是主观的，容易造成偏差。然而，玉米是受访农户重要的收入来源，农户对重要损失的估计是准确的；并且，农户估计的数据可能存在偏差，但在大样本数量的情况下是随机的，可以准确反映现实情况（Kaminski 和 Christiaensen，2014；Sheahana 等，2017）。

5.1.1 样本分布及分区域玉米储备损失

按照区域划分标准，本章分别统计各个地区的样本量及其玉米储备损失，如表 5-1 所示，调研样本分布基本符合中国玉米生产的现实情况。例如，北方和黄淮海等玉米种植面积大及产量高的地区样本量更多；玉米产量小的省份，样本量相对较少。这表明本部分的调查与中国玉米生产的现实紧密结合，调研数据能够较好地反映中国农户玉米储备损失情况。

表 5-1　样本分布和地区玉米储备损失　　　　　单位：个，%

生产区域		省份	样本量	玉米储备损失
主产区	中国北方	黑龙江、吉林、辽宁、内蒙古、甘肃、宁夏、新疆	456	1.70
	黄淮海	北京、天津、河北、河南、山东、山西、陕西、江苏、安徽	466	1.22
	西南	四川、重庆、云南、贵州	192	3.08
非主产区	南方	广西、湖南、湖北	82	2.42
合计/平均		23 个省份	1196	1.78

注：区域分类依据为《全国优势农产品区域布局规划（2008-2015）》。

资料来源：笔者根据调研数据整理所得。

表 5-1 的数据也反映了中国不同地区的玉米储备损失存在差异。例如，西南地区的玉米储备损失率超过 3%，黄淮海地区的玉米储备损失率低于 1.3%。不同地区玉米储备损失的差异可能与当地的经济和气候条件有关。中国西南地区的经济发展水平较低，气候潮湿。与发达地区相比，经济欠发达地区的基础设施不完善（Sheahana 等，2017）；同时，经济欠发达地区的农民可能没有足够的资金购买先进的储备设施（Gitonga 等，2013）。在气候潮湿的地区，谷物储存过程中容易发霉，并且害虫和老鼠等生物更容易在潮湿的地区繁殖（Hodges 等，2011）。这些因素造成了中国西南地区的玉米储备损失比其他地区更为严重。

5.1.2　造成玉米储备损失的主要因素

现阶段，鼠、虫等生物因素依然是造成中国农户玉米储备损失的最主要因素。由图 5-1 可知，在所有样本中，67.29% 的农户认为鼠害是造成玉米储备损失的主要原因，占比最多；其次为虫类和霉变，分别为 17.71% 和 14.81%；选择其他原因的农户占比仅为 0.19%。

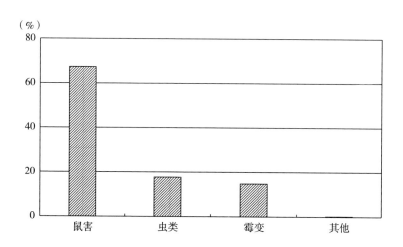

图 5-1　造成玉米储存损失的主要原因

资料来源：笔者根据调研数据整理所得。

5.1.3 不同储备设施的玉米储备损失

前文的统计分析表明，储备设施是造成农户储备损失差异的主要因素，储存设备的好坏优劣对农户储备损失产生重要影响。现有研究发现，储备设施落后是造成发展中国家农户储粮损失高于发达国家的重要原因（Hodges 等，2011）。针对这一情况，本部分对农户常用储备设施的玉米储备损失情况进行专门统计（见表5-2）。

表5-2 不同储备设施的玉米储备损失　　　　　　单位：个,%

储存设施	样本量	平均损失率
仓类	416	0.87
框袋	448	2.12
柜罐	82	3.46
其他	250	2.15
合计/平均	1196	1.78

资料来源：笔者根据调研数据整理所得。

在调查中，农户玉米储备设施被分为仓类、框袋、柜罐及其他共四类。统计数据表明，不同储备设施的玉米储备损失差异较大。相较而言，仓类设施的玉米储备损失率最低，储备损失率为0.87%，低于平均损失水平；其他三类储备设施的储备损失均高于平均损失水平，其中，框袋类的储备损失率为2.12%，其他类的储备损失率为2.15%，柜罐类的储备损失率为3.46%。

5.2 理论模型及变量设置

5.2.1 玉米储备损失理论分析

根据理性人假设，农户以追求利润最大化为目标。当其他条件不变时，现有损失水平即为最优损失（Sheahan 等，2017）。当农户试图减少损失时，势必增加成本。如果减损收益低于增加的成本，农户收益降低。当减损的边际成本等于边际收益时，农户收益达到最大（Chen 等，2018）。假设 C_i 为 i 农户为了降低储备损失而投入的成本，其受多种因素影响，即：

$$C_i = \beta X_i + \varepsilon_i \tag{5-1}$$

其中，X_i 表示影响 i 农户减损投入的因素向量，β 表示待估计系数向量，ε_i 表示随机扰动项。根据利润最大化理论，当降低损失所增加的成本与所获得的收益一致时，农户利润达到最大（Wu 等，2017）。然而，农户成本难以准确测算。本部分用玉米储备损失率作为成本的替代变量，则方程为：

$$y_i = \beta X_i + \varepsilon_i \tag{5-2}$$

其中，y_i 表示玉米储备损失率，是一个取值为 [0，1] 的百分数。传统回归方法，如普通最小二乘法（OLS），无法对有界因变量进行无偏有效一致估计（Chegere，2018）。无论解释变量的初始值如何，线性模型意味着恒定的边际效应，而有界因变量通常对解释变量的变化表现出非恒定的响应。并且，线性模型也许会产生位于单位间隔之外的预测（Baum，2008）。可以采用的补救措施是使用有界连续因变量的模型，例如 Tobit 模型进行估计。然而，在比例数据的情况下，单位间隔之外的值不会被删减；所以，该方法也不是最优（Murteira 和 Ramalho，2016）。Papke 和 Wooldridge（1996）建议使用分数响应模型（FRM）处理以百分比显示的结果变量。该方法综合并扩展了广义线性模型（GLM）和拟似然方法，克服了传统计量经济模型在处理有界因变量时的局限性。与传统方法相比，该方法不仅可以处理(0，1)的情况，而且可以处理被解释变量取值为 0 和 1 的极端情况。即，假设一个样本集 $\{(x_i, y_i): i = 1, 2, \cdots, N\}$，$y_i \in [0，1]$，N 为样本数量。对于所有样本：

$$E(y_i \mid x_i) = G(x_i\beta) \tag{5-3}$$

其中，G（·）为已知函数，对于所有 $z \in R$ 满足 $0 < G(z) < 1$。式（5-3）也明确定义 y_i 能够有一定概率取 0 或 1，即保证 y_i 位于 [0，1] 区间内。在通常情况下，G（·）为累积分布函数。即满足假设：

$$G(z) \equiv \Lambda(z) \equiv Exp(z)/[1+Exp(z)] \qquad (5-4)$$

对于式（5-4），Papke 和 Wooldridge（1996）提出利用基于伯努利对数似然函数方程（Bernoulli Log-likelihood Function）的准最大似然法（QML）进行估计，即：

$$l_i = y_i Log[G(x_ib)] + (1-y_i) Log[1-G(x_ib)] \qquad (5-5)$$

在估计 β 时，采用准最大似然法（QMLE）：

$$\underset{b}{Max} \sum_{i=1}^{N} l_i(b) \qquad (5-6)$$

基于此，计量模型可以设定为：

$$E(Loss \mid x) = G(\alpha_0 + \alpha_1 Storage + \gamma Province) \qquad (5-7)$$

其中，Loss 表示农户储备环节损失水平，Storage 表示农户储粮作业相关变量集，Province 表示省份虚拟变量。

5.2.2 变量设置及描述性统计

变量的具体含义、赋值及描述性统计结果如表5-3所示。本部分的被解释变量为玉米储备损失率，即损失量/储备量。根据统计结果，中国农户玉米储备损失率为1.78%。结合已有文献及本次调研的实际情况，模型主要解释变量包括农户特征、玉米储备特征和社会经济特征共三类变量集；同时，模型中加入省份虚拟变量控制不同地区的影响。

表5-3 变量信息及描述性统计

变量分类	变量名称	变量定义	均值	标准差
被解释变量	储备损失率	损失率（%）=损失量/储存量	1.78	3.00
户主特征	性别	户主性别（女性=0；男性=1）	0.83	0.37
	年龄	户主年龄（岁）	53.86	10.98
	受教育年限	户主受教育年限（年）	7.09	2.57
储备特征	储备规模	年均玉米储存量（吨）	3.97	6.72
	储备率	入仓量占收获量的比重（%）	82.25	29.47

续表

变量分类	变量名称	变量定义	均值	标准差
储备特征	储备时长	小于 3 个月为 1；4~6 个月为 2；7~9 个月为 3；10~12 个月为 4；大于 12 个月为 5	2.79	1.45
	自用率	自用（消费或饲料）数量/储备总量	0.39	0.45
	品种	亩产（公斤/亩）	518.67	219.18
	储备设备	分为四种：仓类、框袋、柜罐、其他	—	—
	仓类	是 = 1；否 = 0	0.35	0.48
	框袋	是 = 1；否 = 0	0.37	0.48
	柜罐	是 = 1；否 = 0	0.07	0.25
	其他	是 = 1；否 = 0	0.21	0.41
	当地鼠害情况	无 = 1；轻 = 2；中 = 3；严重 = 4	2.12	0.89
	减损措施	分为四种：化学防治、物理防治和生物防治及其他方式	—	—
	化学防治	是否喷洒化学药剂（是 = 1；否 = 0）	0.46	0.50
	物理防治	是否进行翻晒（是 = 1；否 = 0）	0.17	0.37
	生物防治	是否养猫（是 = 1；否 = 0）	0.28	0.45
	其他方式	是 = 1；否 = 0	0.09	0.29
社会经济特征	玉米收入	玉米收入（元）的对数	7.77	2.29
	劳动力人数	家庭适龄劳动力（人）	2.59	1.21
	长期投资	家庭年末生产性固定资产原值（万元）	1.49	3.87
	气候条件	年降水量与年均温乘积的对数	8.84	0.87
	耕地面积	家庭耕地总面积（亩）	13.13	19.45
	玉米种植面积	家庭玉米播种面积（亩）	9.60	15.27
	收获成熟度	收获时是否成熟（未成熟 = 1；差不多 = 2；成熟 = 3）	1.98	0.28

资料来源：笔者根据调研数据整理所得。

农户特征变量，主要包括家庭决策者或户主的性别、年龄和受教育年限。家庭决策者或户主的性别、年龄和受教育程度直接影响农户玉米储备环节的管理和安排，从而影响玉米储备损失。据统计，超过 80% 的受访户户主或家庭决策者为男性，平均年龄 53.86 岁，平均受教育年限 7.09 年。

储备特征变量，主要包括储备规模、储备率、储备时长、自用率、品种、储备设施、当地鼠害情和减损措施等。玉米储备规模会直接影响储备损失，规模扩大可能使农户加强管理，降低损失水平；但是，规模扩大也可能提升虫害和鼠害的暴发概率。因此，规模对玉米储备损失的影响方向不确定。根据调研情况，农户家庭平均玉米储备规模 3.97 吨，结合农户玉米产量数据，这意味着 82.25% 的玉米进入储备环节。

储备时间越长，储备损失率可能越高，预期其方向为正。目前，农户玉米储备时间较短，平均值仅为 2.79。市场对玉米有一定的质量标准，发生虫害、霉变的玉米价格较低。如果农户储备的目的在于销售，为了避免虫害、霉变等储备损失造成经济损失，农户将会加强储备期间的管理，降低损失。因此，相对于销售储备，农户自用储备越多，储备损失越高。统计数据表明，多数农户储备的玉米用于销售，销售玉米占储备总量的比例达 61%，39% 的玉米储备为家庭自用。品种的抗虫、抗霉变等特征会直接影响储备损失，本部分利用玉米亩产来粗略表示品种的优良程度，其预期方向为负。受访户平均亩产 518.67 公斤。

储备设施是造成储备损失差异的主要因素，先进储备设施的储备损失水平相对较低，预期方向为负。目前，农户常用储备设施为筐袋和仓类。根据前文的统计数据，鼠类危害是造成储备损失的主要因素。因此，当地鼠害情况会直接影响储备环节损失水平，预期影响方向为正。一般来说，储存期间采取一定的防治措施会降低储备损失水平，但调研过程中发现大部分农户仅在虫害或霉变等大规模暴发时进行事后控制，并不采取事前预防措施，故减损措施对玉米储备损失水平的影响方向可能为正。在调研样本中，46% 的农户在储备过程中使用杀虫剂，17% 的农户在储备过程中进行翻晒，28% 的农户养猫。

社会经济特征变量，主要包括玉米收入、劳动力人数、长期投资、气候条件、耕地面积、玉米种植面积和收获成熟度[1]。玉米收入越高，意味着玉米可能是农户重要的收入来源。农户可能会采取一些控制损失的措施，减少损失。玉米收入对数的平均值为 7.77。家庭劳动力人数越多说明人手富裕，可能有利于储备期间的管理活动，降低损失。因此，家庭劳动力人数与储备损失负相关。在样本

---

[1] 调研过程中，调研人员也收集农户耕地信息；统计数据表明，农户家庭平均拥有耕地 13.13 亩，其中玉米种植面积 9.60 亩。

中，家庭平均劳动力人数为 2.59 人。年末生产性固定资产原值越高，说明农户设备更先进、生产条件更好，可能会降低储备损失。样本农户家庭平均年末生产性固定资产原值为 14874.22 元。

气候是影响储备损失的重要因素。如果处于高温高湿的环境，虫、鼠等生物可能大规模繁殖，造成严重的储备损失；相反，如果处于天冷干燥的环境，粮食在储备过程中不容易遭受虫害、鼠害的袭击（Mendoza 等，2017）。本部分使用当地年降水量与年均温乘积的对数作为当地气候条件的显示指标。另外，收获时作物如果还未成熟，可能湿度过高，粮食在储备过程中容易发霉腐烂，导致储粮损失。调研数据表明，绝大多数农户选择在玉米刚刚成熟时收获。

5.3　模型估计结果与讨论

5.3.1　估计结果

本节运用 Stata15 软件对玉米储备损失的影响因素进行估计，结果如表 5-4 所示。估计时，本节加入地区虚拟变量控制不同地区的影响，因地区虚拟变量较多，故未在结果中报告。

表 5-4　影响玉米储备损失主要因素的模型估计结果

变量名称	变量定义	系数	Z 值
性别	户主性别（女性=0；男性=1）	-0.16	-1.54
年龄	户主年龄（岁）	-0.001	-0.21
受教育年限	户主受教育年限（年）	0.01	0.61
储备规模	年玉米储存量（吨）	-0.05***	-6.97
储备时长	小于 3 个月为 1；4~6 个月为 2；7~9 个月为 3；10~12 个月为 4；大于 12 个月为 5	0.01	0.37

续表

变量名称	变量定义	系数	Z值
自用率	自用（消费或饲料）数量/储备总量	0.67***	6.55
品种	亩产（公斤/亩）	0.001	1.23
储备设备	分为四种：仓类、框袋、柜罐、其他	—	—
仓类	是=1；否=0	-1.07***	-9.42
框袋	是=1；否=0	-0.22*	-1.94
柜罐	是=1；否=0	-0.05	-0.30
当地鼠害情况	无=1；轻=2；中=3；严重=4	0.33***	6.80
减损措施	分为四种：化学防治、物理防治和生物防治及其他方式	—	—
化学防治	是否喷洒化学药剂（是=1；否=0）	0.46***	3.29
物理防治	是否进行翻晒（是=1；否=0）	0.76***	4.92
生物防治	是否养猫（是=1；否=0）	-0.09	-0.60
玉米收入	玉米收入（元）的对数	-0.01	-0.42
家庭劳动力	家庭适龄劳动力人数（人）	0.02	0.50
长期投资	家庭年末生产性固定资产原值（元）	0.004	0.42
气候条件	年降水量与年均温乘积的对数	0.01	0.08
收获成熟度	收获时是否成熟（未成熟=1；差不多=2；成熟=3）	-0.37***	-2.75
地区虚拟变量		已控制	
常数		-4.18***	-4.27
样本量		1196	

注：***、**和*分别表示在1%、5%和10%的统计水平上显著；少数变量的估计系数较小，故保留三位小数。

5.3.2 结果讨论

由表5-4可知，储备规模与玉米储备损失显著负相关，系数为-0.05。储备规模变量反映玉米对于农户的重要性，也体现出农户储备中潜在的规模经济。当家庭储备规模上升时，农户可能采用先进储备设施控制损失。储备时长与储备损失正相关，但不显著。可能的原因是多数农户储备时长偏短。

玉米储备自用率与储备损失显著正相关，系数为0.67。导致该结果的原因可能是：第一，高自用率意味着储备时间可能更长，这会增加储备损失。第二，高自用率表明农户用于销售的玉米较少。一般而言，用于销售的玉米必须符合一定的市场标准，低质玉米销售价格更低。因此，如果储备的主要目的是销售，农户为了避免虫害、霉变等储备损失造成的经济损失，会在储备期间采取更为严格的管理活动。相反地，如果自用占比更高，农户可能放松储备期间的管理，造成损失升高①。

相比于其他储备设施，仓类设施与储备损失显著负相关，系数为－1.07。仓类设施，尤其是具有优良气密性的金属筒仓，能够降低储备期的氧气含量，抑制虫害繁殖；并且，仓类设施一般采用金属制作，能够防止鼠类袭扰谷物（Gitonga等，2013）。另外，相对于其他设施，框袋设施也能显著降低储备损失率，但其系数绝对值小于仓类设施。这说明，相比其他设施，框袋类设施也能为玉米提供保护作用，但效果不如仓类设备。当地鼠害情况在1%水平上显著且估计系数为正，估计结果证实鼠类危害是造成中国农户玉米储备损失的主要因素。

相对于其他措施，化学防治、物理防治等措施的储备损失水平更高，表明农户仅在出现重大损失时才会进行减损活动，证实中国农户大多采取事后控制的推理②。另外，农户在减损活动中，会对谷物进行分选，例如，农户会在二次晾晒时剔除低质谷物，这会增加损失。在晾晒过程中，谷物也可能被虫鸟等生物袭扰，增加损失（Degraeve等，2016）。

成熟程度与玉米储备损失显著负相关，表明作物收获时的生长状况和收割时点选择对储备环节损失情况产生显著影响。作物未成熟，含水分较多，容易在储藏过程中出现霉变；湿度更高的谷物也有可能更容易遭受虫害，造成严重损失（Hodges等，2011）。

5.3.3　稳健性检验

尽管本部分将绝大多数重要的因素纳入模型，但一些未观察到的因素依然会影响储备损失。对此，本部分通过更换估计方法和分样本回归的方式进行稳健性检验，稳健性检验结果如表5-5所示。

---

① 玉米一般作为饲料，人类食用较少，这也是农户放松储备管理的一个原因。
② 选择其他项的农户并未采取任何措施。

表5-5　稳健性检验估计结果

变量	Tobit	第一区	第二区	第三区
性别	−0.0028 (−1.12)	0.1233 (0.72)	−0.3072* (−1.89)	−0.1717 (−0.74)
年龄	−0.0001 (−0.71)	−0.0082 (−1.20)	0.0076 (1.38)	−0.0113 (−1.31)
受教育年限	−0.0002 (−0.44)	0.0210 (0.61)	0.0040 (0.18)	−0.0297 (−0.89)
储备规模	−0.0004** (−2.26)	−0.0459*** (−5.42)	−0.1106*** (−4.14)	−0.1829* (−1.67)
储备时间	−0.0006 (−0.91)	0.0122 (0.22)	−0.0070 (−0.16)	0.0934 (1.56)
自用率	0.0158*** (6.36)	0.9705*** (4.81)	0.3972** (2.55)	0.5828*** (2.67)
品种	0.0001 (1.45)	0.0008** (2.56)	0.0001 (0.04)	−0.0003 (−0.47)
框袋	−0.0012 (−0.45)	−0.2134 (−1.21)	0.0470 (0.23)	−0.5312 (−1.52)
柜罐	0.0088** (2.05)	−0.4475 (−0.35)	−0.4662* (−1.95)	0.2679 (0.55)
仓类	−0.0012*** (−7.39)	−0.7901*** (−4.79)	−1.0603*** (−5.21)	−1.4889*** (−3.61)
当地鼠害情况	0.0055*** (4.74)	0.2890*** (3.75)	0.3472*** (3.94)	0.3190*** (2.97)
化学防治	0.0107*** (3.11)	0.2312 (0.78)	0.6526*** (3.25)	0.3455 (1.19)
物理防治	0.0159*** (4.16)	0.6747* (1.75)	0.8798*** (4.06)	0.6312** (2.11)
生物防治	−0.0003 (−0.08)	−0.0346 (−0.11)	0.1087 (0.55)	−0.2618 (−0.87)
玉米收入	0.0001 (0.30)	−0.0110 (−0.27)	−0.0215 (−0.72)	0.0217 (0.50)
劳动力人数	0.0002 (0.21)	−0.0165 (−0.31)	0.0144 (0.29)	0.0009 (0.01)
长期投资	0.0002 (0.87)	0.0263 (1.28)	−0.0077 (−0.48)	0.0119 (0.70)
气候条件	−0.0006 (−0.28)	0.2470* (1.69)	−0.0821 (−0.27)	−0.6234 (−1.32)

续表

变量	Tobit	第一区	第二区	第三区
成熟程度	−0.0077 ** (−2.35)	−0.6751 *** (−2.81)	0.0987 (0.40)	−0.2166 (−0.82)
地区虚拟变量	已控制	已控制	已控制	已控制
常数	0.0235 (0.99)	−5.7757 *** (−3.97)	−5.3404 * (−1.83)	2.7388 (0.55)
样本量	1196	390	468	273

注：①第一区包括黑、吉、辽、蒙四省份，主要为中国东北地区；第二区包括京、津、冀、晋、陕、豫、鲁、皖、苏九省份，主要为中国华北地区；第三区包括川、贵、云、渝、鄂、湘、桂七省份，主要为中国南方地区。② *** 、 ** 和 * 分别表示在 1%、5% 和 10% 的统计水平上显著，括号内数字为 t 值。

稳健性检验的具体估计方法如下：首先，本章采用 Tobit 估计方法重新估计模型。其次，中国幅员辽阔，各区域地理地貌、气候环境存在较大差异，可能导致储备损失的主要影响因素不同。为检验模型估计结果稳健性，并识别影响中国不同区域农户玉米储备的共性因素和影响各区域玉米储备损失的个性因素，本章将各区域样本分类，分别进入模型重新估计。区域划分的主要依据是各地的地理气候特征，同时也结合各区域玉米生产情况和调研情况。

由表 5-5 可知，无论是变换估计方法还是将样本按照区域划分为 3 组分别进入模型进行估计，模型的估计结果与表 5-4 都没有实质性的区别。这意味着本章关于农户玉米储备损失影响因素的估计结果是稳健的。

由表 5-5 可知，储备规模、自用率、仓类设施、当地鼠害情况和物理防治五个变量与三个地区的玉米储备损失均显著相关。因此，这五个因素可能是影响中国农户玉米储备损失的共性因素，在进行减损措施研究时需要重点关注。其中，自用率、当地鼠害情况以及物理防治三个变量与三个地区的玉米储备损失显著正相关；储备规模、仓类设施与三个地区的玉米储备损失显著负相关。

同时，各地区玉米储备损失的影响因素还包括：第一区玉米储备损失主要影响因素为品种、气候条件和成熟程度；第二区玉米储备损失主要影响因素为性别、柜罐和化学防治。估计结果表明，中国各区域玉米储备损失的主要影响因素存在一定差异，在推广减损措施时，必须考虑各区域的具体特点，否则，部分措施可能并不能较好地发挥其减损效果。

5.4 本章小结

本章基于调研数据库中的玉米储备损失数据，运用 Fractional Logit 模型实证分析影响中国农户玉米储备损失的主要因素。研究主要有如下发现：

第一，鼠虫等生物因素是造成中国农户玉米损失的最主要原因，其中鼠害造成的损失最为严重。另外，不同储备设施的农户玉米储备损失不同，并且差异较大。其中，仓类设施的玉米储备损失率为 0.87%，低于平均损失水平。

第二，实证分析结果表明，储备规模、自用率、仓类设施、框袋、当地鼠害情况、化学防治、物理防治和成熟程度对农户玉米储备损失水平存在显著影响。其中，储备规模和成熟程度与农户玉米储备损失负相关，自用率和当地鼠害情况与农户玉米储备损失正相关。同时，相对于其他措施，化学防治、物理防治等措施的储备损失水平更高，表明农户仅在出现重大损失时才会进行减损活动，证实中国农户大多采取事后控制的推理；另外，在采取措施时，部分活动如谷物分选，也可能增加损失。相对于其他设施，仓类设施和框袋设施与玉米储备损失显著负相关；两者的估计系数表明，玉米更适宜储备于仓类设施。

第三，中国各区域玉米储备损失的主要影响因素存在一定差异，在推广减损措施时，应对共性影响因素给予重点关注；针对各地区的个性因素，可以结合各地区特点推广相适宜的减损措施，否则，部分减损措施可能效果不佳。其中，自用率、当地鼠害情况以及物理防治与三个地区的玉米储备损失显著正相关；储备规模、仓类设施与三个地区的玉米储备损失显著负相关。另外，影响第一区玉米储备损失的因素还包括品种、气候条件和成熟程度，第二区玉米储备损失与性别、柜罐和化学防治显著相关。

第6章　不同规模农户玉米储备
损失研究

　　当前，城镇化稳步推进，农村劳动力自由流动、土地流转政策和粮食市场化改革等因素对中国农户家庭粮食储备产生重要影响，农户家庭储备出现新变化。一是越来越多的农户"离农离地"，逐渐依靠市场保障家庭粮食需求，农户家庭储粮数量明显下降（魏霄云和史清华，2020）。二是部分农户流转土地，扩大经营规模，演变为家庭农场、种粮大户等新型经营主体，粮食收入成为农户家庭收入的重要来源（虞洪，2016）。粮食产量增长可能推动农户扩大家庭储备规模；并且，为了规避粮食价格波动造成的经济损失，这部分农户可能选择保持稳定的储备规模，待价而沽，实现利润最大化（张改清，2014）。

　　在实际的生产实践中，不同规模的农户在作业方式、技术采用、种植决策等方面存在差异（胡逸文和霍学喜，2017）。小规模农户应变能力差，非理性程度高，对新技术的运用较为谨慎；大规模农户比小规模农户的技术采纳意愿更强，大规模农户乐于接受新的技术信息，并且愿意尝试（李岳云等，1999；张忠明和钱文荣，2008）。另外，规模差异也会影响农户的经营行为。小规模农户更倾向于兼业经营，大规模农户则追求更低的成本，中等规模农户的生产效率最高（陈齐畅等，2015；何秀荣，2016）。

　　第5章的实证研究结果表明，储备规模与农户玉米储备损失显著负相关。本章拟进一步深入分析储备规模与农户玉米储备损失的关系，所用数据来源于"国家粮食行业公益性科研专项——粮食产后损失与浪费"课题组的实地调查（详见第 4 章说明）。基于"2015 年度粮食行业公益性科研专项——粮食产后损失与浪费调查"专题调研数据，本章按照规模将样本农户划分为大中小三种规模类型，分析不同规模农户玉米储备损失及其影响因素；并采用在模型中加入规模二次项和分位数回归的方式，验证规模与损失之间是否存在非线性关系。

本章主要研究下列问题：①不同规模农户生产方式、行为决策等存在差异，根据规模，本章将样本农户分为大、中、小三个类型，测算不同规模农户的玉米储备损失。②分样本估计，实证分析不同规模农户玉米储备损失的影响因素。③规模与储备损失的非线性关系探讨，采用在模型中加入二次项和分位数估计的方法，验证规模与储备损失之间的非线性关系。

6.1 理论分析与模型设定

6.1.1 理论分析

规模经济理论是经济学的重要理论之一。规模经济的定义为：考虑在当前的（不变的）技术条件下，随着规模的扩大，企业或其他经济组织的平均生产成本降低，此时，表明该处出现规模经济（约翰·伊特韦尔和米尔盖特·纽曼，1996）。规模经济理论的基本假设是：在一个完全竞争的市场经济体中，规模过小往往导致效率低下；在既有条件下，扩大生产规模可以降低平均成本，提高利润水平（保罗·萨缪尔森和威廉·诺德豪斯，2013）。

储备规模对农户储备损失的影响机制较为复杂，可能存在下列四种情况：一是储备规模扩大促使农户使用先进储备设施，并通过参加技能培训等方式学习先进的储备技术和管理方式，提升效率，减少储备损失。因此，储备规模扩大将降低农户储备损失（见图 6-1a）。二是在既定条件下，储备规模扩大加重农户储备期间的工作任务，可能出现人手短缺、管理疏忽等问题，难以应对储备期间虫害、鼠害以及霉变等大规模爆发。如此，储备规模扩大将增加农户储备损失（见图 6-1b）。三是储备规模和损失的关系为倒"U"型，即储备规模扩大造成农户储备损失先升高、后降低。开始时，扩大储备规模将增加农户储备损失；当损失达到一定程度后，农户难以忍受，这将促使农户通过购买先进储备设施、学习先进技术等方式减少储备损失（见图 6-1c）。四是储备规模和损失的关系为"U"型关系，即扩大储备规模与储备损失存在先降低、后升高的关系。与倒"U"型关系相反，在该模式中，开始扩大储备规模时，农户储备损失下降；随着规模逐步扩大，农户家庭劳动力、储备技能和管理水平等条件逐渐落后，储备损失上升（见图 6-1d）。

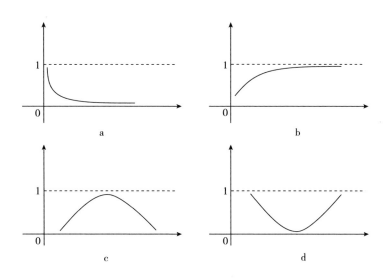

图 6-1　储粮规模与储粮损失关系

随着种粮大户等新型经营主体涌现，中国农业生产规模化程度不断提高（杜志雄和肖卫东，2019）。在此背景下，不同规模农户的储备损失是否呈现不同特征，规模扩大是否影响农户储备损失，规模与储备损失之间是否存在非线性关系？为解答上述问题，深入分析不同规模农户储备损失及其影响因素，基于调研数据，本章按照规模将农户分为大、中、小三种规模类型，分别测算不同规模农户玉米储备损失，并采用分样本估计的方式进行实证检验。相比所有农户样本同时进入模型，分样本估计能够更好地反映不同规模农户的储备损失影响因素差异。同时，本章采用在模型中加入规模二次项和分位数回归的方式验证储备规模与损失之间的非线性关系。

6.1.2 模型设定

借鉴前人的研究（吴林海等，2015；曹芳芳等，2018b；李轩复等，2019），本部分将农户储备规模作为一个单独的变量纳入模型，模型设定如下：

$$slr_i = \alpha + \beta_1 X_i + \beta_2 M_i + \beta_3 S_i + \beta_4 other_i + \mu \qquad (6-1)$$

其中，被解释变量 slr_i 表示 i 农户玉米储备损失率，X_i 和 M_i 表示相关解释变量；X_i 表示农户家庭特征向量，M_i 表示储存特征向量；S_i 表示储备规模变量，$other_i$ 表示其他变量向量。现有研究对农户规模大小的划分没有统一的标准，并且差异较大。参考以往研究（李轩复等，2019；刘颖等，2016），本部分将农户按耕地面积三等分，样本农户被划分为小规模农户（耕地面积少于 4 亩）、中规模农户（耕地面积为 4~10.8 亩）、大规模农户（耕地面积超过 10.8 亩）。

除储备规模的影响，农户玉米储备损失也受到其他因素的影响。第一，玉米收获时的成熟程度。未成熟时进行收获，玉米水分含量较高，可能在储备过程中腐烂、变质，导致损失（Hodges 等，2011）。第二，当地鼠害情况。第 5 章的分析表明，如果储存地鼠害严重，将增加储备损失。第三，当地气候条件。一般而言，虫鼠等生物容易在温暖潮湿的环境快速繁殖。因此，水热充足的地方比干燥缺水的地方更容易遭受虫害、鼠害（Mendoza 等，2017）。第四，品种。品种抗虫、含水率等特征会影响玉米储备损失，本部分使用玉米亩产粗略表示玉米品种。表 6-1 为相关信息及进入模型主要变量的描述性统计。统计数据表明，小规模农户户均耕地面积 2.43 亩，玉米种植面积 1.81 亩；中规模农户户均耕地面积 6.75 亩，玉米种植面积 4.66 亩；大规模农户户均耕地面积 30.34 亩，玉米种植面积 22.43 亩。

表 6-1　主要变量定义及其描述性统计

变量名称	变量定义	小规模（耕地面积少于 4 亩）		中规模（耕地面积为 4~10.8 亩）		大规模（耕地面积超过 10.8 亩）	
		平均值	标准差	平均值	标准差	平均值	标准差
储备损失率	损失率（%）＝损失量/储存量	1.92	3.33	1.60	3.33	1.81	2.97
性别	户主性别（女性=0；男性=1）	0.85	0.36	0.85	0.36	0.80	0.40
年龄	户主年龄（岁）	56.47	11.51	54.47	10.42	50.56	10.06
受教育年限	户主受教育年限（年）	6.85	2.71	7.32	2.52	7.14	2.47
储备规模	玉米储存量（吨）	0.85	0.98	2.36	2.59	8.77	9.58
储备时长	小于 3 个月为 1；4~6 个月为 2；7~9 个月为 3；10~12 个月为 4；大于 12 个月为 5	2.83	1.52	2.90	1.46	2.64	1.37
自用率	自用（消费或饲料）量/储备量	0.52	0.46	0.42	0.46	0.24	0.39
品种	亩产（公斤/亩）	465.12	185.49	520.91	242.56	573.23	216.06
储备设备	分为四种：仓类、框袋、柜罐、其他						
仓类	是=1；否=0	0.29	0.46	0.42	0.49	0.34	0.47
框袋	是=1；否=0	0.47	0.50	0.34	0.47	0.30	0.48
柜罐	是=1；否=0	0.12	0.33	0.07	0.26	0.01	0.10
其他	是=1；否=0	0.12	0.32	0.17	0.37	0.35	0.48
当地鼠害情况	无=1；轻=2；中=3；严重=4	1.86	0.74	1.98	0.89	2.54	0.89
减损措施	分为四种：化学防治、物理防治和生物防治及其他方式						
化学防治	是否喷洒化学药剂（是=1；否=0）	0.37	0.48	0.36	0.48	0.66	0.48
物理防治	是否进行翻晒（是=1；否=0）	0.20	0.40	0.16	0.36	0.14	0.35
生物防治	是否养猫（是=1；否=0）	0.29	0.45	0.39	0.49	0.15	0.36
其他方式	是=1；否=0	0.14	0.34	0.09	0.28	0.05	0.21
玉米收入	玉米收入（元）的对数	6.57	1.93	7.52	2.21	9.28	1.83
劳动力人数	家庭适龄劳动力数量（人）	2.46	1.13	2.82	1.45	2.51	0.99
长期投资	家庭年末生产性固定资产原值（万元）	0.66	2.24	1.66	5.62	2.20	3.00
气候条件	年降水量与年均温乘积的对数	9.26	0.68	8.98	0.80	8.27	0.82
耕地面积	家庭耕地总面积（亩）	2.43	1.06	6.75	1.86	30.34	25.89
玉米种植面积	家庭玉米播种面积（亩）	1.81	1.20	4.66	2.63	22.43	20.90
收获成熟度	收获时是否成熟（未成熟=1；差不多=2；成熟=3）	1.97	0.27	1.96	0.27	2.00	0.31
样本量		424		371		401	

资料来源：笔者计算所得。

根据统计结果，不同规模农户玉米储备损失水平存在差异。随着规模增加，农户玉米储备损失水平呈现先下降后上升的趋势，规模与储备损失之间可能存在非线性关系。其中，中规模农户的玉米储备损失率最低，为1.60%；小规模农户玉米储备损失率为1.92%，大规模农户玉米储备损失率为1.81%（见图6-2）。

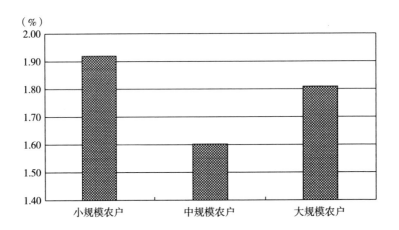

图6-2 不同规模农户玉米储存损失

注：按样本三等分进行规模划分，小、中、大规模分别为耕地面积少于4亩、耕地面积为4~10.8亩、耕地面积超过10.8亩。

资料来源：笔者根据调研数据计算所得。

相比于中小规模农户约85%的户主为男性，大规模农户户主为女性的概率更高。随着规模增加，农户户主年龄逐渐递减，这表明年轻的农户更有可能流入土地，扩大经营规模。另外，中规模农户比大小规模农户受教育时间更长。

大规模农户玉米储备数量最多，达8.77吨；大规模农户的亩产更高，达573.23公斤/亩。中规模农户储备时间最长，储备时长为2.90。小规模农户自用率最高，达52%。42%的中规模农户使用仓类设施储备玉米，小规模和大规模农户使用仓类设施的占比低于中规模农户，分别为29%和34%。大规模农户遭受的鼠害情况更为严重，并且66%的大规模农户在储备期间使用化学药剂，高于中小规模农户。

大规模农户玉米收入、长期投资均高于中小规模农户，并且大规模农户更偏向于在成熟时收获玉米，而中规模农户劳动力人数多于大小规模农户。

由于需要验证规模与储备损失之间是否存在非线性关系。借鉴以往研究（邵帅等，2013；蔡键等，2019），本部分在模型中加入规模的二次项；本部分使用分位数回归验证结果稳健性。加入规模二次项后，模型设定为：

$$slr_i = \alpha + \beta_1 X_i + \beta_2 M_i + \beta_3 s_i + \beta_4 s_i^2 + \beta_5 other_i + \mu \qquad (6-2)$$

与式（6-1）相同，式（6-2）包括农户家庭特征，如决策者性别、年龄、受教育程度等指标；储备特征，包括作物成熟程度、晾晒情况、当地鼠害情况和品种等指标；s_i 表示 i 农户储备规模，s_i^2 是储备规模的二次项。

6.2　模型结果与分析

6.2.1　不同规模农户玉米储备损失的影响因素

不同规模农户玉米储备损失影响因素分样本估计结果如表 6-2 所示，在估计时引入地区虚拟变量控制不同地区环境（包括光照、气温和降水等）的影响，因虚拟变量数量较多，故未在表 6-2 中列出。

表 6-2　不同规模农户玉米储备损失的影响因素估计结果

变量名称	小规模（耕地面积少于 4 亩）		中规模（耕地面积为 4~10.8 亩）		大规模（耕地面积超过 10.8 亩）	
	系数	z 值	系数	z 值	系数	z 值
性别	-0.28	-1.60	-0.46 **	-2.46	0.22	1.44
年龄	0.01	0.88	-0.01	-0.85	-0.001	-0.23
受教育年限	-0.03	-1.14	0.08 ***	3.12	0.01	0.48
储备规模	-0.12	-1.52	-0.08 ***	-2.71	-0.05 ***	-6.61

续表

变量名称	小规模（耕地面积少于4亩）		中规模（耕地面积为4~10.8亩）		大规模（耕地面积超过10.8亩）	
	系数	z值	系数	z值	系数	z值
储备时长	0.03	0.69	0.001	0.01	0.05	0.91
自用率	0.59***	3.63	0.51***	2.74	0.80***	4.17
品种	0.001***	2.83	−0.001	−1.51	0.001**	2.04
储备设备	分为四种：仓类、框袋、柜罐、其他					
仓类	−1.16***	−4.90	−1.21***	−5.88	−0.96***	−5.64
框袋	0.11	0.50	−0.42**	−2.06	−0.40**	−2.41
柜罐	0.13	0.48	−0.30	−0.96	−0.73	−1.21
当地鼠害情况	0.08	0.83	0.47***	5.79	0.39***	5.34
减损措施	分为四种：化学防治、物理防治和生物防治及其他方式					
化学防治	0.61***	3.08	0.54**	2.17	0.13	0.43
物理防治	0.68***	3.16	0.89***	3.25	0.51	1.51
生物防治	0.06	0.30	−0.05	−0.22	−0.34	−1.02
玉米收入	−0.03	−0.91	0.01	0.18	−0.01	−0.32
劳动力人数	0.06	1.04	0.04	0.86	−0.02	−0.39
长期投资	−0.02	−0.69	−0.004	−0.32	0.03	1.55
气候条件	0.02	0.16	−0.43***	−2.75	0.15	1.04
收获成熟度	−0.22	−0.91	0.02	0.10	−0.68***	−3.22
地区虚拟变量	已控制		已控制		已控制	
常数	−4.47***	−2.82	−0.53	−0.29	−6.53***	−3.80
样本量	424		371		401	

注：***、**和*分别表示在1%、5%和10%的统计水平上显著；少数变量的估计系数较小，故保留三位小数；表中的其他和其他方式作为对照组进入模型，故在表中未显示。

实证结果表明，在不同规模农户中，自用率、仓类设施与农户玉米储备损失显著负相关，并且均在1%的水平上显著。这表明，农户用于消费和饲料的储备数量越多，储备损失越高。可能的原因是市场对玉米质量有一定标准，生虫、发霉等低质玉米价格更低。农户为了避免低质造成的经济损失，会在玉米储备过程中进行更为严格的质量控制。这些质量控制行为有利于减少玉米储备损失。相反地，如果农户储备的目的是自用，由于玉米一般用作饲料，农户会放松对玉米的质量管控。这容易增加储备损失。同时，采用先进的玉米储备设施，如仓类设施，能够降低农户玉米储备损失。

储备规模、品种、当地鼠害严重程度、框袋、化学防治和物理防治六个变量同时对两种不同规模农户的玉米储备损失具有显著影响。其中，框袋、储备规模与大中规模农户的玉米储备损失负相关。这说明，使用框袋设施也能降低大中规模农户的玉米储备损失，但其系数绝对值低于仓类设施，可能减损效果不如仓类设施；并且，扩大农户玉米储存规模，尤其是大中规模农户的玉米储备，能够形成规模经济效应，降低农户玉米储备损失。可能的原因是，由于规模扩大，农户为了避免虫害、鼠害等造成储备损失，会加强储存前和储存期间的管理，降低玉米储备损失。

品种与大小规模农户的玉米储备损失显著正相关。这说明，目前的高产品种可能不适宜储备，为了提高产量，高产品种弱化了玉米的抗虫、抗霉等特性。鼠害严重程度与大中规模农户的玉米储备损失正相关，与小农户的玉米储备损失并无显著的相关关系。这说明鼠害程度加重会增加大中规模农户的玉米储备损失；也表明，相比大中规模农户，小规模农户在储存期间对谷物的管理可能更加细致。化学防治和物理防治与中小规模农户玉米储备损失正相关，与大规模农户的玉米储备损失并无显著的相关关系。这表明相比于大规模农户，中小规模农户大多在损失出现或者暴发后采取事后控制措施。在采取措施时，农户可能对谷物进行分选，剔除虫害、霉变等低质谷物，这也将增加损失。

中规模农户玉米储备损失的主要影响因素还有性别、受教育年限和气候条件；大规模农户玉米储备损失还与玉米成熟程度显著负相关。

6.2.2 规模与农户玉米储备损失的非线性关系

为了验证规模与损失之间的非线性关系，本部分在模型中加入了二次项；同时，分位数回归模型也能验证解释变量与被解释变量之间的非线性关系，本部分也利用分位数回归对模型进行估计。二次项模型估计和分位数回归估计结果如表 6-3 所示；估计时，模型中加入地区虚拟变量控制不同地区的影响。

表6-3 二次项模型和分位数回归模型估计结果

变量名称	Fractional logit		0.3		0.6		0.9	
	系数	z 值	系数	t 值	系数	t 值	系数	t 值
性别	−0.16	−1.57	−0.01	−0.27	−0.09	−0.72	−0.58	−1.22
年龄	−0.001	−0.20	−0.002	−1.24	−0.01	1.61	−0.004	−0.32
受教育年限	0.01	0.64	−0.02*	−1.88	−0.03***	−3.91	−0.04	−1.09
储备规模	−0.10***	−5.86	−0.02***	−4.81	−0.03***	−4.64	−0.04*	−1.69
储备规模二次项	0.001***	3.19	—	—	—	—	—	—
储备时长	0.003	0.09	0.003	0.23	−0.05*	−1.66	−0.23**	−2.32
自用率	0.60***	5.60	0.32***	4.83	0.78***	6.31	2.31***	3.55
品种	0.0003	1.57	0.0002**	2.14	0.0003*	1.95	0.001	1.07
储备设备	分为四种：仓类、框袋、柜罐、其他							
仓类	−1.16***	−9.97	−0.48***	−7.32	−0.71***	−6.23	−1.64***	−2.96
框袋	−0.32***	−2.82	−0.06	−1.18	−0.19**	−2.08	−0.40	−0.60
柜罐	−0.14	−0.75	0.04	0.51	−0.05	−0.45	1.42	0.76
当地鼠害情况	0.33***	6.76	0.20***	7.99	0.29***	7.99	0.61***	2.83
减损措施	分为四种：化学、物理和生物防治及其他							
化学防治	0.44***	3.13	0.12*	1.74	0.40***	3.94	1.18**	2.48
物理防治	0.76***	4.83	0.05	0.65	0.41***	3.25	1.27**	2.42
生物防治	−0.09	−0.59	−0.04	−0.62	−0.03	0.52	−0.29	−1.05
玉米收入	0.01	0.28	−0.01	−0.44	−0.01	−0.24	−0.05	−0.79
劳动力人数	0.02	0.57	0.01	0.87	0.02	1.01	−0.05	−0.55
长期投资	0.01	0.74	0.01	0.77	−0.004	−0.36	0.06	0.90
气候条件	0.02	0.20	−0.06	−1.12	−0.36***	−6.17	−0.08	−0.28
收获成熟度	−0.36***	−2.63	−0.07	−0.96	−0.48***	−2.96	−1.33**	−2.21
地区虚拟变量	已控制		已控制		已控制		已控制	
常数	−4.22***	−4.26	0.99	1.27	6.29***	7.47	6.80**	1.99
样本量	1196		1196		1196		1196	

注：***、**和*分别表示在1%、5%和10%的统计水平上显著；因篇幅限制，分位数回归报告0.3、0.6和0.9分位点估计结果；少数变量的估计系数较小，故保留三位小数；并且为了减少系数的小数点后位数，分位数回归估计时，因变量（储备损失）×100；表中的其他和其他方式作为对照组进入模型，故在表中未显示。

由表 6-3 可知，模型估计结果显示，在控制其他因素以后，储备规模与储备损失水平显著负相关，储备规模二次项和储备损失水平显著正相关，证实储备规模与储备损失水平间存在先降后升的"U"型关系。即扩大储备规模并不能使农户储备损失水平持续下降，超过某个临界点，继续扩大规模将增加农户玉米储备损失。同时，分位数回归估计结果表明，在各分位点上，储备规模对玉米储备损失的影响均通过显著性检验，并且具有明显的负向作用。从影响程度看，规模对损失的影响在各分位点上并不一致，总体上呈现"U"型关系；具体而言，在 0.1~0.8 分位点上，规模系数的绝对值缓慢增大，即影响逐渐增加；在 0.8~0.9 分位点上，规模系数的绝对值逐渐降低，即影响逐渐减小。如图 6-3 所示。

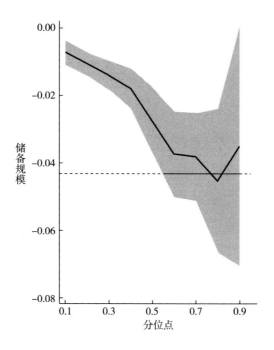

图 6-3　储备规模影响农户玉米储备损失的分位数系数变化情况

上述分析表明，储备规模和玉米储备损失之间存在"U"型关系。经过计算，该临界值为 38.11 吨，位于样本区间范围。因此，储备规模和农户玉米储备损失水平存在如下非线性关系：当农户储备规模小于 38.11 吨时，玉米储备损失随储备规模扩大而减小；当储备规模大于 38.11 吨时，玉米储备损失随储备规模扩大而加大。

6.3　本章小结

基于"2015 年度粮食行业公益性科研专项——粮食产后损失与浪费调查"专题调研数据，本章按照规模将样本农户划分为大、中、小三种规模类型，分别测算不同规模农户玉米储备损失，并分析不同规模农户玉米储备损失的主要影响因素。同时，本章采用在模型中加入规模二次项和分位数回归的方式验证储备规模与损失之间的非线性关系。主要研究结论如下：

第一，不同规模农户玉米储备损失水平存在差异。中规模农户的玉米储备损失率最低，为 1.60%，小规模农户玉米储备损失率为 1.92%，大规模农户玉米储备损失率为 1.81%。

第二，实证结果表明，在不同规模农户中，自用率、仓类设施与农户玉米储备损失显著负相关，并且均在 1%的水平上显著。储备规模、品种、鼠害严重程度、框袋、化学防治和物理防治六个变量同时与两种不同规模农户的玉米储备损失显著相关。另外，影响中规模农户玉米储备损失的主要因素还包括性别、受教育年限和气候条件；大规模农户玉米储备损失也与玉米成熟程度显著负相关。

第三，通过分位数回归以及在模型中加入储备规模二次项的方式，实证分析发现储备规模与储备损失存在先降后升的"U"型关系，其临界点为 38.11吨，位于样本区间范围。这表明，当农户储备规模小于 38.11 吨时，扩大储备规模将减少储备损失；当储备规模大于 38.11 吨时，继续扩大储备规模将增大储备损失。

第7章 玉米储备损失与农户玉米储备决策

数千年的农耕历史文化使中国农户形成储粮备荒的习惯，绝大多数农户会储备一年或更长时间的家庭用粮（包括口粮和饲料用粮），加上部分用于出售的商业用粮，农户家庭粮食储备数量庞大（吕新业和刘华，2012）。由于经济发展、农村劳动力自由流动及粮食市场化改革等诸多因素的影响，中国农户的粮食储备行为悄然改变。一部分农户脱地离农进入城镇生活，逐渐依靠市场满足家庭粮食需求，这部分农户家庭粮食储备逐渐降低（张瑞娟和武拉平，2012a）。另一部分农户流入土地，扩大经营规模，逐渐发育成家庭农场、种粮大户等新型经营主体。由于粮食产量增长，这部分农户可能扩大储备规模（张瑞娟和武拉平，2012b）。作为中国粮食储备体系的重要组成部分，农户储备关系国家粮食安全。因此，深入研究中国农户储粮变化及其主要影响因素对维护国家粮食安全具有重要意义。

现有关于中国农户储粮问题的研究，多集中在农户储粮概念界定、中国农户粮食储备规模及结构、农户储粮动机和农户粮食储备影响因素研究[①]。目前关于农户储粮影响因素的研究多集中在收入水平、利率、价格以及流动性约束等方面（张瑞娟和武拉平，2012a）。在经济学与其他学科交叉的领域，研究人员也关注

---

① 相关内容详见文献综述部分。

霉菌、虫害和啮齿动物等造成的储备损失对农户粮食储备决策的影响（Kadjo 等，2018）。研究表明，储备损失过高是迫使广大小农户在收获后出售大部分粮食的直接原因（Ruhinduka 等，2020）。例如，在非洲和南亚部分地区，玉米储备 6 个月后，损失高达 30%（Boxall，2002；Hengsdijk 和 de Boer，2017）。严重的储备损失不仅直接减少可供出售玉米的数量，而且降低市场成交价格，造成经济损失（Affognon 等，2015）。显而易见，面对潜在的高损失率，收获后立即销售是避免数量损失和经济损失的最佳方案。虽然使用先进储备技术，如密封袋、金属仓和化学药剂等，能够减少储粮损失，但成本高昂，难以在小农户中推广（Tesfaye 和 Tirivayi，2018；Gitonga 等，2013）。2007 年，中国政府开展农户科学储粮试点工作，鼓励农户使用科学储粮装具，虽然减损效果明显，但普及率较低（西爱琴等，2015）。因此，缺乏有效的储备技术和设备可能导致广大小农户在收获后立即出售大部分粮食，而非储备粮食待价而沽（李光泗等，2020）。为了更好地保障国家粮食安全，发挥农户家庭储备"蓄水池"和"稳定器"的作用，深入分析储备损失对农户粮食管理决策的影响意义重大。

根据前文的测算结果，中国农户储备损失高于发达国家和地区。那么，储备损失是否影响中国农户粮食储备决策？本章首先通过理论分析将储备损失引入农户储粮决策模型，然后利用"国家粮食行业公益性科研专项——粮食产后损失浪费"课题组的实地调研数据，实证研究储备损失对农户玉米储备决策的影响。本章主要内容如下：①理论分析，将储备损失内生化，引入农户储备决策模型。②以玉米为例，实证分析储备损失对农户玉米储备数量的影响。③实证分析储备损失对农户玉米储备时长的影响。

7.1　理论框架与模型设定

农户作为理性人，储备的目标是实现效用最大化。基于前人的研究（Saha

和 Stroud，1994；柳海燕等，2011；Kadjo 等，2018），假定存在一个消费周期，消费周期包括收获期和产后期，农户在收获后进行储备决策。假定在收获期，粮食大量上市，此时价格较低；进入产后期，粮食价格逐渐升高，如图 7-1 所示。

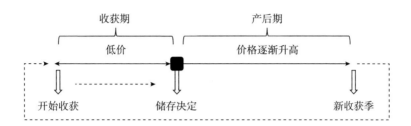

图 7-1　粮食生产和消费周期

假定每个周期（收获期和产后期），农户通过消费粮食（G）和非食品集合（O）获得效用。在每个周期中，农户面临收获期（H）和产后期（L）的效用最大化问题，如下式：

$$MaxV = U_H(G_H，O_H) + \gamma E_H[U_L(G_L，O_L)] \tag{7-1}$$

其中，假设效用函数 U 二次可微，U_H 为农户收获时的效用，来自收获期的粮食消费（G_H）和其他消费（O_H）。考虑未来的不确定性和风险，引入预期。$E_H(U_L)$ 表示农户基于收获期信息（H）对产后期效用的预期，γ 为效用贴现因子。假设产后期没有生产，如果农户决定储备粮食，有效的储备技术是一个先决条件。如此，收获的粮食可以通过储备技术转化为产后期的供给，储备约束定义为：

$$\tilde{Q}_L = [1 - \tilde{\delta}_L(T，X)]S_H \tag{7-2}$$

其中，$\tilde{Q}_L$ 表示产后期粮食数量；T 表示储备技术；S_H 表示农户在收获期储备的粮食；$\tilde{\delta}_L$ 表示储备损失，储备损失是储备技术和其他控制因素（X）的函数。农户进行储备决策时，满足：

$$Q_H = G_H + S_H + M_H \tag{7-3a}$$

$$P_H M_H + D_{H-1} = Y_H + D_H \tag{7-3b}$$

$$(1-\widetilde{\delta}_L)S_H+A_L=G_L+M_L+S_L \tag{7-4a}$$

$$P_LM_L+(1+r)D_H-P_LA_L=Y_L \tag{7-4b}$$

式（7-3a）表示收获时的粮食分配方程，农户收获期的粮食总量（Q_H）等于收获期的消费（G_H）、储备（S_H）和销售（M_H）之和。式（7-3b）表示农户收获期面临的流动性约束，P_HM_H 表示在该期以 P_H 价格销售 M_H 数量粮食所得的收益，D_{H-1} 表示家庭收获期期初的家庭货币储蓄，D_H 表示农户收获期的货币储蓄，假设利率为 r，Y_H 表示农户除储蓄以外可使用的总金额。

式（7-4a）和式（7-4b）表示产后期约束条件。式（7-4a）为产后期农户粮食的供求平衡等式，$(1-\widetilde{\delta}_L)S_H$ 表示考虑损失后，农户自留粮食数量；A_L 表示农户从市场中购买（包括借入）的粮食数量，价格为 P_L；G_L 表示产后期农户家庭消费的粮食数量；M_L 表示农户在产后期的粮食销售数量；S_L 表示农户在产后期扣除消费和销售后的储备量。式（7-4b）表示农户将粮食以 P_L 价格销售M_L 数量的粮食，Y_L 表示农户收入。

将式（7-3）、式（7-4）代入式（7-1）中，可得如下函数：

$$Max V=U_H\{G_H,\ [P_H(Q_H-G_H-S_H)+D_{H-1}-D_H]\}+$$

$$\gamma E_HU_L\{G_L,\ P_L[(1-\widetilde{\delta}_L)S_H-G_L-S_L]+(1+r)D_H\} \tag{7-5}$$

此函数对消费、储蓄和粮食储备求偏导，可得到收获时关于储备决策的一阶条件：

$$\frac{\partial V}{\partial G_H}\equiv U_{G_H}-P_HU_{O_H}=0 \tag{7-6a}$$

$$\frac{\partial V}{\partial D_H}\equiv -U_{O_H}+\gamma(1+r)E_H(U_{O_L})=0 \tag{7-6b}$$

$$\frac{\partial V}{\partial S_H}\equiv -P_HU_{O_H}+\gamma E_H[(U_{O_L}P_L(1-\widetilde{\delta}_L)]=0 \tag{7-6c}$$

式（7-6c）可化为：

$$\frac{\partial V}{\partial S_H}\equiv -P_HU_{O_H}+\gamma E_H(U_{O_L}P_L)-\gamma E_H(U_{O_L}P_L\widetilde{\delta}_L)]=0 \tag{7-6d}$$

式（7-6d）可表示为：

$$\frac{\partial V}{\partial S_H} \equiv -P_H U_{0_H} + \gamma [1 - E_H(\tilde{\delta}_L)] E_H(U_{0_L} P_L) - \gamma \mathrm{cov}(U_{0_L} P_L,\ \tilde{\delta}_L) = 0 \qquad (7\text{-}6e)$$

式（7-6e）可表示为：

$$\frac{\partial V}{\partial S_H} \equiv -P_H U_{0_H} + \gamma [1 - E_H(\tilde{\delta}_L)] [E_H(U_{0_L}) E_H(P_L) + \mathrm{cov}(U_{0_L},\ P_L)] -$$

$$\gamma \mathrm{cov}(U_{0_L} P_L,\ \tilde{\delta}_L) = 0 \qquad (7\text{-}6f)$$

由式（7-6b）可得：

$$U_{0_H} = \gamma(1+r) E_H(U_{0_L}) \qquad (7\text{-}6g)$$

因此式（7-6f）可化为：

$$\frac{\partial V}{\partial S_H} \equiv -P_H \gamma(1+r) E_H(U_{0_L}) + \gamma [1 - E_H(\tilde{\delta}_L)] [E_H(U_{0_L}) E_H(P_L) +$$

$$\mathrm{cov}(U_{0_L},\ P_L)] - \gamma \mathrm{cov}(U_{0_L} P_L,\ \tilde{\delta}_L) = 0 \qquad (7\text{-}6h)$$

将式（7-6h）中的 $\gamma(1+r) E_H(U_{0_L})$ 消去，可得：

$$\frac{\partial V}{\partial S_H} \equiv -P_H + [1 - E_H(\tilde{\delta}_L)] \frac{E_H(P_L)}{(1+r)} + \frac{\{[1 - E_H(\tilde{\delta}_L)] \mathrm{cov}(U_{0_L},\ P_L)\}}{(1+r) E_H(U_{0_L})} -$$

$$\frac{\mathrm{cov}(U_{0_L} P_L, \tilde{\delta}_L)}{(1+r) E_H(U_{0_L})} = 0 \qquad (7\text{-}6i)$$

对式（7-6i）进行整理，得：

$$\frac{\partial V}{\partial S_H} \equiv \frac{(1 - E_H(\tilde{\delta}_L))}{(1+r)} E_H(P_L) - P_H + \frac{(1 - E_H(\tilde{\delta}_L))}{(1+r)} \times \frac{\mathrm{cov}(U_{0_L},\ P_L)}{E_H(U_{0_L})} - \frac{\mathrm{cov}(U_{0_L} P_L,\ \tilde{\delta}_L)}{(1+r) E_H(U_{0_L})}$$

$$(7\text{-}6j)$$

式（7-6j）可简化为：

$$\frac{\partial V}{\partial S_H} \equiv \Delta P + \Omega_0 - \Omega_1 = 0 \qquad (7\text{-}7)$$

其中，$\Delta P = \dfrac{[1 - E_H(\tilde{\delta}_L)]}{(1+r)} E_H(P_L) - P_H$，$\Omega_0 = \dfrac{[1 - E_H(\tilde{\delta}_L)]}{(1+r)} \times \dfrac{\mathrm{cov}(U_{0_L},\ P_L)}{E_H(U_{0_L})}$，

$\Omega_1 = \dfrac{\mathrm{cov}(U_{0_L} P_L,\ \tilde{\delta}_L)}{(1+r) E_H(U_{0_L})}$。

上述分析表明，农户在进行储备决策时，将受如下因素影响：①收获期的粮食价格和利率，即 P_H 和 r。②价格变动，即 ΔP。③流动性约束。如果农户在收获时需要支付或偿还的款项越多，农户就更有可能将多数粮食售出，则其储备的粮食就越少。④非食品消费或享受型消费。如果农户非食品消费或享受型消费增多，则会减少农户粮食消费支出比例，可能会降低农户粮食储备数量。⑤储备损失，即 $\tilde{\delta}_L$。储备损失增加将减少农户其他商品的消费以确保粮食消费。因此，农户进行粮食储备决策时，不仅考虑价格变化和风险，还会考虑储备损失。

除受储备损失影响外，现有研究成果表明，农户储备决策也受如下因素影响：

第一，粮食产量。当粮食产量上升时，农户可支配粮食增加，储备数量也会增加（柯炳生，1997；张瑞娟等，2014）。

第二，家庭收入。收入增加，农户可能会储备更多的粮食，增强风险抵御能力（柯炳生，1996；徐雪高，2011）。但是，收入增加也会降低农户对粮食价格的敏感性，农户可能会通过市场满足粮食消费；并且，收入增加也会降低农户的惜售待涨心理（刘畅和侯云先，2017）。因此，收入增加也可能会减少农户储备数量。

第三，市场发育程度。市场发育程度越高，意味着农户购买或销售粮食的途径和渠道越多（西爱琴等，2013）。对高收入家庭而言，市场发育程度越高意味着粮食可获得性越高，其粮食储备数量可能会减少（吕新业和刘华，2012）。对种粮大户等粮食生产规模较大的农户而言，市场发育程度越高，销售粮食更为便利，这些农户的粮食储备量可能会保持在一定水平，待价而沽，而不是选择收获后立即出售粮食（姚增福，2011）。因此，市场发育程度越高，产粮大户的粮食储量可能增加。

第四，影响粮食消费数量的相关因素。比如，农户家庭常住人口数量越多，意味着农户家庭粮食消费量也更多，农户可能会储备更多的粮食，用于保障家庭日常需求（杨月锋和徐学荣，2015）。此外，其他人口统计学变量（例如户主年龄、户主受教育程度等）也是影响农户储粮的重要因素（杨月锋和赖永波，2019）。

从动态角度考虑，农户对粮食价格的变化预期和市场利率也是影响农户粮食储备的重要因素（张瑞娟等，2014）。大多数小规模农户属于风险规避型，不愿意承担未来价格变动风险。这意味着粮食价格上升，农户会追逐利润而释放储备，反之则增加储备（万广华和张藕香，2007；张瑞娟，2013）。同时，为了平滑消费，农户会进行储蓄，持有银行存款或其他资产。粮食储备也可以视作农户对未来的储蓄或持有的资产。当利率下降，农户将会增加粮食储备数量；反之，当利率上升，农户则会降低粮食储备数量（张瑞娟和武拉平，2012b）。然而，本部分所用数据为一年期的横截面数据，在完全竞争的假设条件下，农户面临的利率是一致的。因此，利率变量未能引入模型。

根据以上分析，农户储备会受到储备损失、粮食产量、家庭收入、市场发育程度、家庭人口数量以及个人家庭特征等其他变量的影响。据此，建立如下计量模型：

$$\text{lnstorage}_i = \alpha_1 + \alpha_2 \text{harvest}_i + \alpha_3 \delta_i + \alpha_4 \text{market}_i + \alpha_5 L_i + \alpha_6 P_i + \alpha_7 \sum \text{others}_i + \mu$$

$$(7-8)$$

其中，storage_i 表示农户储备数量，harvest_i 表示粮食产量，δ_i 表示粮食储备损失水平，market_i 表示市场发育程度，L_i 表示流动性约束，P_i 表示收获期价格，others_i 表示除上述变量以外的其他变量，包括农户特征、牲畜饲养情况等。

7.2 数据来源、变量定义与描述性统计

本章所用数据与前文数据来源一致，为"2015年度粮食行业公益性科研专项——粮食产后损失与浪费调查"专题调研数据。本章继续以玉米为例，研究储备损失对农户玉米储备决策的影响。本章所使用的样本共1199份。

进入模型变量的定义与描述性统计如表7-1所示。农户玉米储备数量是指农

户收获后的家庭储备数量，即上年结转储备加上当年入库数量。根据统计，中国农户年均玉米储备 3968.71 公斤；并且，不同农户之间的储备规模存在较大差异，农户玉米储备数量为 8.5~55800 公斤。农户平均玉米产量为 5501.90 公斤，结合户均储备数据，该数据意味着平均 70% 以上的玉米产量并非在收获后直接出售，而是进入农户家庭库存。

表 7-1　变量定义与描述性统计

变量	变量定义	均值	标准差	最小值	最大值
储备数量	农户当年玉米储备数量（公斤）	3968.71	6710.44	8.50	55800.00
储备损失	玉米储备损失水平=储备损失/储备数量	0.02	0.03	0.00	0.50
玉米产量	农户当年玉米收获量（吨）	5.50	9.88	0.02	147.75
流动性约束	农户当年学杂费支出（元）	1025.12	2981.44	0.00	30000.00
市场发育程度	家庭距离最近粮库的距离（公里）	7.32	10.92	0.00	96.00
收获期价格	收获后3个月内的市场价格（元/公斤）	1.70	0.27	1.00	4.00
预期价格	未来玉米价格是否上升（是=1；否=0）	0.41	0.49	0.00	1.00
收入水平	家庭年工资收入（元）	24966.37	29635.53	0.00	426000.00
非食品消费	农户当年购买衣着支出（千元）	1.55	1.47	0.00	15.00
家庭常住人口	家庭常住人口（居住半年以上）（人）	2.96	1.46	0.00	10.00
牲畜饲养状况	是否饲养家禽和牲畜（是=1，否=0）	0.12	0.32	0.00	1.00
性别	户主性别（男=1；女=0）	0.83	0.37	0.00	1.00
年龄	户主年龄（年）	53.87	10.98	19.00	89.00
受教育年限	户主接受学历教育的年限（年）	7.09	2.58	0.00	15.00
住房面积	农户住房总面积（平方米）	140.36	93.46	20.00	1400.00
节约意识	是否参与减损实验（是=1，否=0）	0.39	0.49	0.00	1.00
样本量			1199		

资料来源：笔者根据调研数据整理所得。

储备损失率是农户根据以往损失情况对当年储备损失的估计。理论上，依靠实地测量法获取的数据更接近真实情况。然而，大范围实地测量的成本高、难度大。农户的务农经验丰富，其估计结果具备一定可信度；并且，在大样本情况下估计误差对结果的影响很小，能够比较准确地反映现实（Sheahan 等，2017）。本部分假设储备损失与农户玉米储备规模负相关，如果储备损失率过高，农户会选择在收获后立即卖出大部分粮食，以避免损失。如图7-2所示，随着储备损失逐渐升高，农户玉米储备规模逐渐降低。中国农户玉米储备损失较低，约2%，但不同农户之间的差异较大，范围为0%~50%。

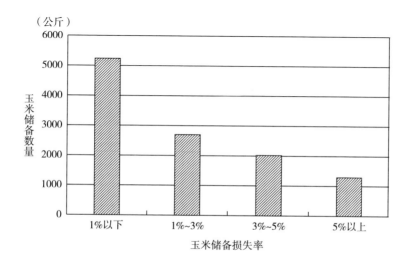

图7-2 不同储备损失水平的农户玉米储备

资料来源：笔者根据调研数据整理所得。

本部分使用农户学杂费支出作为流动性约束的代理变量，主要原因在于：①小农户借贷尤其是生产性借贷情况较少，采用借贷作为流动性约束的指标并不能很好地反映现实情况（杨汝岱等，2011；何广文等，2018；吴笑语和蒋远胜，2020）。②学杂费是一个固定时点支出（一般在9月），并且学杂费仍然是中国农户支出的重要组成部分，对农户而言，学杂费是一个可以预见的大额支出，会对农户的决策造成显著影响（肖攀等，2020）。流动性约束变量的平均值为1025.12。

参考前人的研究，本部分使用家庭距最近粮库的距离衡量市场发育程度（刘李峰和武拉平，2006；杨月锋，2015）。粮库是农户粮食交易的重要市场，并且一般坐落于城镇。目前中国农村地区基本实现村村通公路，已经消除道路对农户粮食交易的阻碍。因此，使用距最近粮库距离作为市场发育程度的指标是可行的。本部分假设距离粮库越近，市场发育程度越高，反之越低。市场发育程度的平均值为 7.32。

收获期价格为玉米收获后 3 个月内的市场价格，平均为 1.70 元/公斤。农户对未来的价格预期也会影响储备决策，如果农户预计未来上升，则很可能选择储备粮食，择机销售。本部分使用"未来价格是否会上涨"的虚拟变量作为农户对价格的预期，41%的农户预计收获期后价格将上升。农户家庭收入的显示指标是农户家庭年工资性收入，根据调研数据统计，农户年均工资性收入为 24966.37 元，但农户之间差异较大，范围为 0~426000 元。非食品消费的显示指标为农户当年购买衣物金额，样本农户年均衣物支出为 1546.81 元。

农户家庭常住人口数、牲畜饲养状况、户主性别、年龄、受教育年限、家庭住房面积和节约意识等变量作为控制变量引入模型（见表 7-1）。平均而言，农户家庭常住人口 3 人，且仅有 12%的农户存在牲畜饲养情况；户主多为男性，平均年龄 54 岁，受教育年限为 7 年，家庭住房面积 140 平方米。数据的描述性统计比较符合当前中国农业的特点，即从业人口"老龄化"、劳动力素质低水平以及经营规模小，这也意味着本次调研数据的代表性较强，能够反映真实情况。

7.3 估计方法与结果分析

7.3.1 估计方法

普通最小二乘法（OLS）考察的是解释变量对被解释变量平均值的影响效应，无法得出在不同分布条件下各个解释变量对因变量的影响（曹芳芳等，

2018a）。与普通最小二乘法不同，分位数回归法（Quantile Regression）能够完整、全面地考察不同分位数水平下的自变量对因变量的解释程度；分位数回归法并未假设误差项必须满足正态分布；另外，采用分位数回归法得出的估计结果不易被极端值干扰，具有更强的稳健性（Koenker 和 Bassett，1978）。综上所述，基于分位数回归法的这些优点，本部分使用分位数回归法估计影响农户玉米储备数量的因素。

分位数回归的基本思想为：针对不同权重 τ，将目标函数设定为残差绝对值的加权和，然后求解最小化目标函数即可得出与之对应的参数估计量（Koenker 和 Bassett，1978）。分位数估计步骤如下：

$$Y = F(y) = \text{Prob}(Y < y) \tag{7-9}$$

其中，Y 表示农户玉米储备数量，F（y）表示农户玉米储备数量的概率分布函数。那么：

$$Q(\tau) = \inf\{y: F(y) \geqslant \tau\} \tag{7-10}$$

其中，Q（τ）表示 Y 的 τ（$0 < \tau < 1$）分位数，Q（τ）满足 F（y）$\geqslant \tau$ 的最小 y 值。式（7-8）表明，农户玉米储备数量的条件均值函数是线性函数，则农户玉米储备数量的期望值为：

$$E(Y_i \mid X_i = x) = E(L_i) = E(F(X_i, \mu_i)) = X'_i \beta \tag{7-11}$$

其中，X_i 表示影响农户玉米储备数量的因素向量，β 表示估计系数向量。前述分位数回归法的基本思想表明，当估计分位点 τ 的系数时，目标是使 τ 分位点函数的加权残差绝对值之和最小，即：

$$\min\left\{\sum_{Y_i \geqslant X'_i \beta} \tau \mid Y_i - X'_i \beta \mid + \sum_{Y_i < X'_i \beta} (1 - \tau) \mid Y_i - X'_i \beta \mid\right\} \tag{7-12}$$

对式（7-12）求解得到参数估计值：

$$\hat{\beta}_\tau = \text{argmin}\left\{\sum_{Y_i \geqslant X'_i \beta} \tau \mid Y_i - X'_i \beta \mid + \sum_{Y_i < X'_i \beta} (1 - \tau) \mid Y_i - X'_i \beta \mid\right\} \tag{7-13}$$

其中，$\hat{\beta}_\tau$ 表示被估计参数，其数值的大小表示 τ 分位点上各变量对农户储备数量的影响程度。因此，在不同分位点下，通过估计模型可以得出该条件分布下

Y_i 的分布轨迹。如此，通过分位数回归法能够完整、全面考察各变量对农户玉米储备数量的影响。

本部分使用农户玉米储备数量的对数作为被解释变量，τ 取值为 0.3、0.6 和 0.9 共 3 个具有代表性的分位数水平。

7.3.2 估计结果

普通最小二乘法和分位数回归的估计结果如表 7-2 所示。其中，OLS 采用稳健标准误，第 3 列至第 5 列为各分位点分位数回归估计结果。在模型估计时，加入地区虚拟变量控制不同地区的影响。

表 7-2 农户玉米储备规模影响因素估计结果

变量名称	OLS	0.3	0.6	0.9
储备损失	-0.08 *** (-4.36)	-0.16 *** (-4.46)	-0.08 *** (-2.69)	-0.03 (-1.52)
玉米产量	0.03 *** (3.44)	0.05 *** (3.85)	0.07 *** (7.62)	0.09 *** (9.07)
流动性约束（对数）	0.0002 (0.02)	0.004 (0.22)	-0.003 (-0.35)	0.01 (0.98)
市场发育程度	-0.02 *** (-7.12)	-0.02 *** (-4.98)	-0.02 *** (-6.56)	-0.01 *** (-2.74)
收获期价格	-0.67 *** (-3.85)	-0.92 *** (-3.12)	-0.62 *** (-3.15)	-0.23 (-1.30)
预期价格	0.23 *** (2.90)	0.37 *** (3.15)	0.25 *** (3.09)	0.17 *** (2.62)
收入水平（对数）	0.01 (0.52)	0.01 (0.52)	0.002 (0.25)	-0.01 (-0.78)
非食品消费	-0.02 (-0.59)	-0.02 (-0.34)	0.01 (0.66)	-0.002 (-0.13)
家庭常住人口	-0.02 (-0.86)	-0.02 (-0.63)	-0.01 (-0.50)	-0.01 (-0.38)
牲畜饲养情况	0.14 (1.02)	0.14 (0.72)	0.20 (1.49)	-0.03 (-0.21)
性别	-0.05 (-0.51)	-0.05 (-0.34)	-0.18 ** (-2.27)	-0.07 (-0.82)

续表

变量名称	OLS	0.3	0.6	0.9
年龄	-0.02 *** (-4.78)	-0.02 *** (-3.45)	-0.01 ** (-2.25)	-0.003 (-1.15)
受教育年限	-0.02 (-1.44)	-0.01 (-0.77)	-0.001 (-0.06)	-0.01 (-1.03)
住房面积	-0.001 (-1.28)	-0.001 ** (-2.20)	-0.0002 (-0.46)	0.001 ** (2.06)
节约意识	0.29 *** (3.80)	0.27 ** (2.31)	0.26 *** (3.82)	0.19 *** (3.86)
地区虚拟变量	已控制	已控制	已控制	已控制
常数	8.89 *** (20.76)	9.04 *** (13.35)	8.26 *** (16.86)	7.87 *** (20.35)
R^2	0.40	0.22	0.34	0.41

注：***、**和*分别表示在1%、5%和10%的统计水平上显著；括号内为 t 值。

由表 7-2 可知，多元线性回归与分位数回归模型的拟合程度均较好。OLS 的结果显示储备损失、玉米产量、市场发育程度、收获期价格、预期价格、家庭决策者年龄和节约意识等变量对农户玉米储备数量产生显著影响。其中，玉米产量、预期价格和节约意识与农户玉米储备数量正相关，储备损失、市场发育程度、收获期价格和家庭决策者年龄与农户玉米储备数量负相关①。为了考察在不同分位点上各影响因素的作用，本部分对分位数回归结果进行详尽分析。

在 0.3 分位点和 0.6 分位点上，储备损失与农户玉米储备数量显著负相关，说明储备损失越大，农户将减少玉米储备；结合储备损失系数的绝对值呈下降趋势的情况，说明储备损失对玉米储备数量大的农户影响较小，受储备损失影响较大的是中小规模农户。同时，在 0.3 分位点和 0.6 分位点，收获期价格、家庭决策者年龄与玉米储备数量显著负相关；这说明，收获期价格对中小规模农户的玉米储备数量影响较大，对大规模农户的玉米储备数量影响较小。随着分位数增加，收获期价格系数的绝对值逐渐降低，这说明收获期价格对小规模农户影响更大。

① 需要说明的是，市场发育程度变量的估计系数符号为负；市场发育程度的指标含义为数值越大，市场发育程度越低。因此，市场发育程度与农户玉米储备数量正相关。即市场发育程度越高，农户玉米储备数量越多。

在所有分位点上，玉米产量、市场发育程度、预期价格和农户节约意识均与农户玉米储备数量显著正相关。这符合前人的研究结论，说明随着玉米产量增长，农户将扩大玉米储备规模；并且当农户预计玉米价格上升时，将增加储备，追逐利润。同时，市场发育程度越高，农户也将扩大玉米储备规模。可能的原因是，市场发育程度越高，农户玉米销售更为便利。因此，农户将扩大玉米储备，待价而沽。另外，节约意识较强的农户风险规避意识更强，可能储备更多的粮食防范风险（Kadjo 等，2018；刘阳，2014）。从系数来看，随着分位数增加，玉米产量系数的绝对值逐渐上升，市场发育程度、预期价格和节约意识变量的系数绝对值呈现下降趋势。这说明玉米产量对大规模农户的储备行为影响较大，对中小规模农户的储备数量影响相对较小；而市场发育程度、预期价格和节约意识对高储量的农户影响相对较小，对中小规模储量的农户影响较大。

另外，在 0.3 分位点和 0.9 分位点上，住房面积与农户玉米储备数量显著相关；在 0.6 分位点上，家庭决策者性别与农户玉米储备数量显著负相关。

7.3.3　内生性分析

储备损失既是农户在储备决策时考虑的一个重要因素，也是农户储备行为的结果，可能存在内生性问题。为解决内生性问题对估计结果的影响，并检验结论的稳健性，本部分采用工具变量法重新考察储备损失对农户玉米储备数量的影响，估计方法为两阶段最小二乘法（2SLS），工具变量法的第一阶段和第二阶段结果如表 7-3 所示。

表 7-3　IV 估计结果

变量	第一阶段回归		第二阶段回归	
	系数	t 值	系数	z 值
因变量	储备损失率		储备数量	
储备损失	—	—	-0.16***	-2.66
晾晒环节天气情况（晾晒环节是否出现雨、雪等恶劣天气；是=1，否=0）	1.07***	3.97	—	—
家庭距最近城镇距离（公里）	0.09***	4.77	—	—

续表

变量	第一阶段回归		第二阶段回归	
	系数	t 值	系数	z 值
粮食产量	0.01	0.94	0.03 ***	7.94
流动性约束（对数）	-0.02	-0.62	-0.001	-0.09
市场发育程度	-0.02 **	-2.34	-0.02 ***	-6.02
收获期价格	1.08 **	2.36	-0.58 ***	-3.11
预期价格	-0.10	-0.43	0.22 **	2.56
收入水平（对数）	-0.04 *	-1.93	0.001	0.13
非食品消费	0.02	0.30	-0.02	-0.64
家庭常住人口	0.08	1.20	-0.02	-0.64
牲畜饲养情况	0.11	0.35	0.13	1.04
性别	-0.41	-1.65	-0.08	-0.82
年龄	-0.01	-0.79	-0.02 ***	-4.87
受教育年限	0.002	0.06	-0.02	-1.51
住房面积	-0.001	-1.16	-0.001	-1.30
节约意识	0.65 ***	3.39	0.35 ***	4.08
地区虚拟变量	已控制		已控制	
常数	0.54	0.47	8.99 ***	20.20
R^2	0.10		0.37	
样本量	1199			
相关性检验				
Shea's Partial R^2	0.03		—	
F 值	19.14		—	
Sargan chi	—		0.7698	
Basmann chi	—		0.7718	

注：*** 、** 和 * 分别表示在 1%、5% 和 10% 的统计水平上显著。

本部分使用农户家庭距最近城镇距离和晾晒环节是否出现恶劣天气作为储粮损失的工具变量。选择农户家庭距最近城镇距离的原因在于：①家庭距最近城镇距离是一个严格外生的变量，符合工具变量的外生性要求。②家庭距最近城镇距离越远，农户更难获得新的储备设施和储备技术，储备损失更高（Chulze，2010；Kumar 和 Kalita，2017）。晾晒环节是否出现恶劣天气也是一个严格外生的变量。如果晾晒时出现雨雪等恶劣天气，不利于粮食含水率下降到适合储存的水平，甚至可能会造成谷物潮湿，增加水分含量，导致谷物储备时发生霉变，增加储备损失（Verma 等，2019；Sheahan 等，2017）。因此，本部分推断家庭距最近城镇距离、晾晒环节出现恶劣天气与农户储备损失正相关。

结果显示，在处理内生性问题后，农户玉米储备数量依然与储备损失显著负相关，证明相关结论的稳健性。在相关性检验中，Shea's 偏 R^2 为 0.03，F 值达 19.14，大于临界值 10，拒绝了存在弱工具变量的原假设。这说明本部分选用的工具变量满足相关性要求。外生性检验中，Sargan 检验和 Basmann 检验的值均在 10% 水平上不显著，不能拒绝所有工具变量均外生的原假设。这说明本部分选用的工具变量满足外生性要求。同时，本部分也使用对弱工具变量不敏感的有限信息极大似然法（LIML）估计模型，估计结果与表 7-3 没有实质差异。这也印证不存在弱工具变量的问题。

7.4 储备损失对农户玉米储备时间的影响

前文的研究结果证明储备损失对农户玉米储备数量产生显著负向影响。那么，储备损失是否也会对农户玉米储备时间产生影响？本节使用前文 23 个省份 1199 户农户调研数据，实证分析储备损失对农户玉米储备时间的影响。

7.4.1 农户玉米储存时长

受访农户玉米储备时长如图 7-3 所示。在所调研的 1199 户农户中，玉米储备时间为 3 个月以下的农户为 342 户，占比为 28.52%；玉米储备时间为 3~6 个月的有 200 户，占比为 16.68%；玉米储备时间为 7~9 个月的农户有 217 户，占比为 18.10%；玉米储备时间为 10~12 个月的农户有 247 户，占比为 20.60%；玉米储备时间为 12 个月以上的农户有 193 户，占比为 16.10%。

农户储粮时长是本书的被解释变量，其取值为 1~5，是一个排序变量。其中，$T_i = 1$ 代表农户玉米储备时长为"3 个月以下"，$T_i = 2$ 代表农户玉米储备时长为"4~6个月"，$T_i = 3$代表农户玉米储备时长为"7~9个月"，$T_i = 4$代表农户玉米储备时长为"10~12个月"，$T_i = 5$代表农户玉米储备时长为"12个月以上"。被调研农户平均储备时长为2.79。

7.4.2 研究方法

本部分使用玉米储备时长 T_i 作为农户玉米储备时间的显示变量，其取值为1、2、3、4和5。因此，T_i 的数值越大表明农户储粮时间越长（见图7-3）。

其分类框架为：

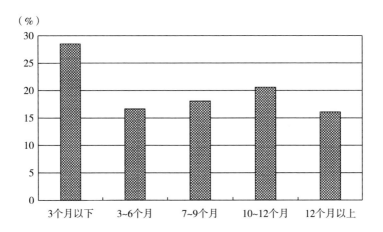

图7-3 农户玉米储存时长

资料来源：笔者根据调研数据整理所得。

$$\begin{cases} T_i = 1, & MC_i \leqslant \mu_1 \\ T_i = 2, & \mu_1 < MC_i \leqslant \mu_2 \\ T_i = 3, & \mu_2 < MC_i \leqslant \mu_3 \\ T_i = 4, & \mu_3 < MC_i \leqslant \mu_4 \\ T_i = 5, & \mu_4 < MC_i \leqslant \mu_5 \end{cases} \tag{7-14}$$

其中，μ_n 表示农户储备成本变化的临界点（切点），其满足 $\mu_1 < \mu_2 < \mu_3 < \mu_4$。假设 $\varepsilon_i \sim N(0, 1)$，则：

$$
\begin{cases}
\begin{aligned}
P(T_i=1 \mid x) &= P(MC_i \leqslant \mu_1 \mid x) = P(\beta X_i + \varepsilon_i \leqslant \mu_1 \mid x) \\
&= P(\varepsilon_i \leqslant \mu_1 - \beta X_i \mid x) = \Phi(\mu_1 - \beta X_i) \\
P(T_i=2 \mid x) &= P(\mu_1 < MC_i \leqslant \mu_2 \mid x) = P(MC_i \leqslant \mu_2 \mid x) - P(MC_i < \mu_1 \mid x) \\
&= P(\beta X_i + \varepsilon_i \leqslant \mu_2 \mid x) - \Phi(\mu_1 - \beta X_i) \\
P(T_i=3 \mid x) &= P(\mu_2 < MC_i \leqslant \mu_3 \mid x) = P(MC_i \leqslant \mu_3 \mid x) - P(MC_i < \mu_2 \mid x) \\
&= P(\beta X_i + \varepsilon_i \leqslant \mu_3 \mid x) - \Phi(\mu_2 - \beta X_i) \\
P(T_i=4 \mid x) &= P(\mu_3 < MC_i \leqslant \mu_4 \mid x) = P(MC_i \leqslant \mu_4 \mid x) - P(MC_i < \mu_3 \mid x) \\
&= P(\beta X_i + \varepsilon_i \leqslant \mu_4 \mid x) - \Phi(\mu_3 - \beta X_i) \\
P(T_i=5 \mid x) &= P(\mu_4 < MC_i \leqslant \mu_5 \mid x) = P(MC_i \leqslant \mu_5 \mid x) - P(MC_i < \mu_4 \mid x) \\
&= P(\beta X_i + \varepsilon_i \leqslant \mu_5 \mid x) - \Phi(\mu_4 - \beta X_i)
\end{aligned}
\end{cases} \tag{7-15}
$$

因 ε_i 服从逻辑分布，即可得排序 Logit 模型。

$$
T_i = \beta_1 loss_i + \beta_2 weight_i + \beta_3 income_i + \beta_4 price_i + \beta_5 X_i + \varepsilon_i \tag{7-16}
$$

与考虑储备损失的农户玉米储备数量模型一致，式（7-16）中，$loss_i$ 表示 i 农户的玉米储备损失；$weight_i$ 表示 i 农户的玉米产量；$income_i$ 表示 i 农户的收入情况；$price_i$ 表示玉米收获期价格情况；X_i 表示其他变量向量，包括个人特征、牲畜饲养情况以及节约意识等变量；ε_i 表示随机扰动项。同时，在估计时，也引入了地区虚拟变量用于控制不同地区的影响。变量的具体情况见表 7-1，在此不再赘述。

农户玉米储备损失是此次研究的核心解释变量，与之前的研究相同，该变量的衡量指标为玉米储备损失率，即损失量/储备量。本部分假设储备损失率越高，农户储备时间越短。

7.4.3 估计结果

模型估计结果如表 7-4 所示，模型中加入地区虚拟变量用于控制不同地区的影响。同时，为了避免潜在的内生性影响基准回归结论，本部分继续使用农户家庭距最近城镇距离和晾晒环节天气情况作为储粮损失的工具变量，并重新估计。表 7-4 中第 3 列和第 4 列为有序 Logit 模型的估计结果，第 5 列和第 6 列为工具变量法估计结果。

表 7-4 模型估计结果

变量名称	变量含义及赋值	系数	z 值	系数	z 值
储备损失	玉米储备损失（%）＝损失量/储藏量	−0.02	−0.94	0.04	0.62
玉米产量	玉米收获量（吨）	0.02**	2.52	0.01***	2.69
流动性约束	学杂费（元）的对数	−0.03*	−1.72	−0.02*	−1.80
市场发育程度	家庭距离最近城镇的距离（公里）	0.03***	6.07	0.02***	4.77
收获期价格	玉米收获后 3 个月内的单价（元/公斤）	−0.40	−1.49	−0.20	−1.21
预期价格	未来玉米价格是否上涨（是＝1）	0.01	0.04	−0.02	−0.26
收入水平	家庭年工资收入（元）的对数	0.02*	1.69	0.01	1.52
非食品消费	农户当年购买衣着支出（千元）	−0.09**	−2.30	−0.05**	−2.31
牲畜饲养	家庭是否养殖牲畜或家禽（是＝1）	0.75***	4.07	0.45***	4.05
家庭常住人口数	全年在家六个月以上的人口（人）	0.10***	2.67	0.07***	2.94
性别	户主性别（男＝1；女＝0）	−0.14	−0.95	−0.07	−0.87
年龄	户主年龄（岁）	0.002	0.45	0.001	0.47
受教育年限	户主接受正规教育的时间（年）	0.02	1.04	0.02	1.20
住房面积	家庭住宅面积（平方米）	−0.0004	−0.71	−0.0003	−0.91
节约意识	是否参与减损实验（是＝1）	−0.03	−0.29	−0.02	−0.27
地区虚拟变量		已控制		已控制	
样本量		1199		1199	
工具变量法相关性检验					
Shea's Partial R^2		0.03			
F 值		19.14			
Sargan chi		0.1401			
Basmann chi		0.1432			

注：***、**和*分别表示在1%、5%和10%的统计水平上显著。

由表 7-4 可知，工具变量法估计结果与有序 Logit 估计结果较为一致，证明本部分的研究结论是可信的。有序 Logit 模型和工具变量法估计结果均表明，储备损失与农户玉米储备时长无显著相关关系。这表明，农户玉米储备时长受储备损失的影响较小，决定农户玉米储备时间长短的是其他因素。

有序 Logit 模型的估计结果表明，玉米产量、流动性约束、市场发育程度、收入水平、非食品消费、牲畜饲养行为、家庭常住人口数等变量对农户玉米储备时长的影响显著。其中，玉米产量、市场发育程度、收入水平、牲畜饲养行为和家庭常住人口数等变量与农户玉米储备时长显著正相关；流动性约束、非食品消费与农户玉米储备时长显著负相关。

玉米产量与农户玉米储备时长显著正相关，说明随着玉米产量增长，农户会延长玉米储备时间。一个可能的解释是，玉米产量大的农户收入主要来自农业生产。因此，农户会保证足够的储备时间，待价而沽，实现利润最大化。另外，收入水平更高的农户也倾向于储备更长时间的玉米，但在工具变量法的估计结果中，收入水平与农户玉米储备时长关系不显著，说明收入水平对农户玉米储备时长的影响较小。

市场发育程度的显示指标为家庭距最近城镇的距离。家庭距城镇近，市场发育程度更高，该变量与农户玉米储备时长显著正相关。这说明距离城镇较远的农户，玉米储备时间更长。一般而言，距离城镇越远的农户，购买粮食更为不便，为了保障家庭日常需求，农户会选择延长玉米储备时间。

牲畜饲养行为与玉米储备时长显著正相关。玉米是重要的饲料作物，如若农户存在牲畜饲养行为，将延长玉米储备时间，保证饲料正常供应。同时，农户家庭人口数与玉米储备时长显著正相关。粮食是人类最基本的生活必需品。因此，家庭常住人口越多，农户更可能延长储备时间，保障家庭粮食消费。因此，常住人口多的家庭玉米储备时间比家庭常住人口少的农户更长。

非食品消费与农户玉米储备时间显著负相关。这意味着非食品消费越多，农户储备玉米的时间越短。可能的原因是，随着非食品消费增多，农户会选择销售玉米换取现金，缩短玉米储备时间；另外，非食品消费越多的农户更为富有，一般通过市场保障家庭粮食消费，可能不会长时间储备玉米。

7.5　本章小结

基于前人的研究，本章通过理论分析将储备损失引入农户玉米储备决策模型，并利用中国 23 个省份 1199 户农户的微观调查数据，实证分析储备损失对农户玉米储备决策的影响。

研究发现，在控制其他变量的影响后，农户玉米储备数量与储备损失显著负相关。同时，玉米产量、市场发育程度、收获期价格、预期价格和节约意识等变量对农户玉米储备数量也产生显著影响。对于可能存在的内生性问题，本章使用农户家庭距最近城镇距离和晾晒环节天气情况作为工具变量进行检验，相关结论依然成立。同时，有序 Logit 模型和工具变量法的估计结果表明，储备损失与农户玉米储备时长并无显著关系。本章研究的主要发现如下：

第一，分位数回归结果表明：①在 0.3 分位点和 0.6 分位点上，储备损失与农户玉米储备数量显著负相关，说明储备损失升高，农户将减少玉米储备数量；并且储备损失系数的绝对值呈下降趋势，说明储备损失对储备数量大的农户影响较小，受储备损失影响较大的是中小规模农户。②在所有分位点上，玉米产量、市场发育程度、预期价格和农户的节约意识均与农户玉米储备数量显著正相关。这说明玉米产量越高、市场发育程度越高、预期价格上涨以及节约意识更强的农户将会选择储备更多的玉米，待价而沽。从系数来看，随着分位数增加，玉米产量系数的绝对值逐渐上升，市场发育程度、预期价格和节约意识变量的系数绝对值呈现下降趋势。这说明玉米产量对大规模农户的储备行为影响较大，市场发育程度、预期价格和节约意识对中小规模储量的农户影响较大。③在 0.3 分位点和 0.6 分位点上，收获期价格、家庭决策者年龄与玉米储备数量显著负相关；这说明，收获期价格对中小规模农户的玉米储备数量产生显著影响，对大规模农户的玉米储备数量影响较小。随着分位数增加，收获期价格系数的绝对值逐渐降低，这说明收获期价格对小规模农户影响更大。④在 0.3 分位点和 0.9 分位点上，住房面积与农户玉米储备数量显著相关；在 0.6 分位点上，家庭决策者性别与农户玉米储备数量显著负相关。

第二，储备损失既是在储备决策时考虑的一个重要因素，也是农户储备行为的结果，可能存在内生性问题。为解决内生性问题对估计结果的影响，并检验结论的稳健性，本章使用农户家庭距最近城镇距离和晾晒环节天气情况作为储备损失的工具变量，使用两阶段最小二乘法（2SLS）对模型进行估计。在控制内生性问题后，农户储备数量依然与储备损失显著负相关。

第三，有序 Logit 模型和工具变量法的估计结果表明，在控制其他因素的影响后，储备损失与农户玉米储备时长并无显著关系。可能的原因是农户储备时长受其他因素的影响更大，储备损失对农户储备时长的影响较小。其他变量与农户玉米储备时长的关系如下：玉米产量、市场发育程度、收入水平、牲畜饲养行为和家庭常住人口数等变量与农户玉米储备时长显著正相关；流动性约束、非食品消费等变量与农户玉米储备时长显著负相关。

第8章　储粮技术对农户玉米储备行为和储备损失的影响

中国人均耕地面积仅为 0.09 公顷，不足世界平均水平的一半[①]。如何利用有限的耕地资源保障国家粮食安全始终是政府施策的焦点（Thou，2010；卢新海和柯善淦，2017；罗屹等，2020a）。习近平总书记多次强调，粮食安全是国家安全的重要基础，手中有粮、心中不慌在任何时候都是真理，中国人要把饭碗端在自己手上[②]。

储备设施（技术）是影响农户储备损失的重要因素，然而，中国大多数小农户仍然沿袭传统的储存方法，缺乏先进储备设施和科学储粮技术，储粮损失严重（高利伟等，2016）。研究表明，传统的储备设施容易使谷物遭受鼠害、虫害，并且为虫鼠等动物的繁衍以及有害微生物的扩散提供良好环境，导致严重的储粮损失（Kumar 和 Kalita，2017）。

为了解决农户储备设施落后的问题，中国政府专门实施农户科学储粮工程，为农户购买先进储粮装具提供财政补贴，鼓励农户采用先进储备设施，改善家庭储粮条件，降低储备损失[③]。到目前为止，国内鲜见关于先进储粮装具的效果评估研究，大多数研究只是描述性分析；并且，大多数研究基于小样本的案例调查

① 资料来源：世界银行数据库。
② 资料来源：新华微评：坚守"手中有粮、心中不慌"的真理。
③ 资料来源：国家粮食局，http://www.gov.cn/gzdt/2009-06/24/content_1348773.htm。

获取数据，研究结论能否从局部推广至全国层面有待商榷。同时，也缺乏通过计量经济学模型评估科学储粮设施效果的实证研究。因此，为了对现有研究进行补充，本章基于全国代表性的数据，运用倾向得分匹配法（PSM）评估科学储粮设施对农户玉米储备行为和储备损失的影响①。既丰富现有研究，也为政府政策优化提供实证支持，对更好地保障国家粮食安全具有重要的现实意义。

本章利用"2015 年度粮食行业公益性科研专项——粮食产后损失与浪费调查"的专题调研数据，研究如下问题：①使用 Logit 模型分析影响农户采用先进储备设施的因素。②运用倾向得分匹配法（PSM）评估先进储备设施对农户储备行为和储备损失的影响。

8.1 数据说明与样本分析

8.1.1 数据说明

为评估中国农户储备损失，2016 年，课题组研究团队与农业农村部农村固定观察点办公室合作进行中国粮食产后损失调查。本章使用的数据覆盖中国北京、天津、河北、山西、内蒙古、辽宁、吉林、黑龙江、江苏、安徽、山东、河南、湖北、湖南、广西、云南、贵州、四川、重庆、陕西、甘肃、宁夏和新疆共 23 个省份。样本覆盖了中国三大玉米优势区（北方春玉米优势区、黄淮海夏玉米优势区、西南玉米优势区），涵盖中国绝大部分玉米种植省份，在空间分布上具有良好的代表性。本章所用样本为 1202 份，其中利用先进储备设施储存玉米的农户 415 户（见表 8-1）。

---

① 目前，中国农户玉米储存设施主要包括仓类、框袋、柜罐及其他四类。根据现有研究结果及政府政策公告，金属仓、砖混仓和金属网仓等仓类设施储存效果较好，储备损失率较低（Tefera, 2011；Lopez-Castillo 等，2018）。因此，在本书中，定义先进储备设施为金属仓等仓类设施。

表8-1　调研地理分布及设施采用情况

玉米种植区域		调研省份	仓类设施	其他设施
玉米优势区	北方优势区	黑龙江、吉林、辽宁、内蒙古、新疆、甘肃、宁夏	148	309
	黄淮海优势区	北京、天津、河北、河南、山东、山西、陕西、江苏、安徽	126	343
	西南优势区	四川、重庆、云南、贵州	92	102
其他地区	南方丘陵区	广西、湖南、湖北	49	33
合计			415	787

注：区域划分依据为《全国优势农产品区域布局规划（2008-2015）》。

资料来源：笔者根据调研数据整理所得。

8.1.2　样本分析

8.1.2.1　家庭经济特征

先进储备设施采用者和非采用者的家庭经济特征如表8-2所示。对于采用和不采用先进储备设施的农户而言，大多数家庭决策者或户主都为男性，受教育年限为7年。相较于非采用者，采用先进储备设施的农户平均年龄更大（采用者：54.70岁，非采用者：53.42岁）。

表8-2　先进储备设施采用者和非采用者的家庭经济特征

变量	变量赋值	非采用者（N=787）		采用者（N=415）		T-test
		均值	标准差	均值	标准差	均值差异
性别	男=1；女=0	0.83	0.01	0.85	0.02	-0.03
年龄	决策者/户主年龄（岁）	53.42	10.93	54.70	11.12	-1.29*
教育年限	决策者/户主受教育年限（年）	7.12	2.63	7.03	2.49	0.09
家庭人口数	家庭人口总数（人）	3.73	1.69	3.86	1.53	-0.13
收入水平	家庭年收入（元）的对数	10.66	0.78	10.83	0.63	-0.17***
存款情况	家庭是否有存款（是=1；否=0）	0.46	0.50	0.52	0.50	-0.06*

续表

变量	变量赋值	非采用者（N=787）		采用者（N=415）		T-test
		均值	标准差	均值	标准差	均值差异
农技培训	是否参与农技培训（是=1；否=0）	0.10	0.01	0.06	0.01	0.04 **
土地面积	耕地总面积（亩）	12.03	17.83	15.40	22.60	-3.37 ***
玉米种植面积	玉米种植面积（亩）	8.46	13.30	11.92	18.71	-3.45 ***
玉米产量	玉米产量（公斤）	4889.33	8997.67	6774.55	11596.31	-1885.22 ***
距城镇远近	距最近城镇距离（公里）	5.98	5.83	4.96	4.89	1.02 ***
节约意识	是否参与减损实验（是=1；否=0）	0.38	0.49	0.40	0.09	-0.02

注：***、**、*分别表示在1%、5%和10%的统计水平上显著。

资料来源：笔者根据调研数据计算所得。

在家庭特征方面，非采用者和采用者家庭人口数均为4人。但是，与非采用者相比，采用者的收入水平更高（采用者：10.83，非采用者：10.66），存款情况更为普遍（采用者：0.52，非采用者：0.46）。

从生产经营特征来看，非采用者比采用者接受农业技术培训的情况（非采用者：0.10，采用者：0.06）更为普遍。从其他指标看，采用先进储备设施的农户比非采用者有着更多的耕地（采用者：15.40亩，非采用者：12.03亩），玉米种植面积更大（采用者：11.92亩，非采用者：8.46亩），玉米产量也更高（采用者：6774.55公斤，非采用者：4889.33公斤）。

此外，在节约意识指标上，非采用者与采用者较为一致。但是，采用者比非采用者距离城镇更近（采用者：4.96公里，非采用者：5.98公里）。采用者和非采用者之间被观察到的这些特征差异可能会对农户采用先进储备设施产生影响。这表明可能存在偏差，需要进行匹配和选择性偏差测试。

8.1.2.2 玉米储备行为与损失

农户玉米储备行为与损失结果如表8-3所示。非采用者和采用者的玉米储备行为和损失结果存在显著差异。先进储备设施采用者比非采用者的玉米储备数量和玉米储备时长分别多 1062. 15 公斤、0. 35 个季度（采用者：4655. 30 公斤、2. 02 个季度，非采用者：3593. 15 公斤、1. 67 个季度），也就是 1 个月左右。

表 8-3　农户玉米储存行为与损失

变量	变量赋值	非采用者（N＝787）		采用者（N＝415）		T-test
		均值	标准差	均值	标准差	均值差异
储备数量	玉米收获后入仓数量（公斤）	3593. 15	198. 31	4655. 30	413. 31	1062. 15***
储备时长	玉米储备时间（季度）	1. 67	1. 44	2. 02	1. 47	－0. 35***
鼠害严重程度	无＝1；轻＝2；中＝3；严重＝4	2. 27	0. 86	1. 84	0. 88	0. 44***
储备损失	玉米储备损失（公斤）	53. 02	151. 34	20. 05	36. 37	32. 97***
储备损失率	loss（%）＝损失/储粮规模	2. 26	3. 78	0. 87	1. 17	1. 39***
化学药物	在储备过程中使用杀虫剂（是＝1；否＝0）	0. 43	0. 02	0. 32	0. 02	－0. 11***
粮食安全	市场购粮占家庭消费比例（%）	0. 39	0. 01	0. 30	0. 02	－0. 09***

注：***、**、*分别表示在1%、5%和10%的统计水平上显著。
资料来源：笔者根据调研数据计算所得。

采用者与非采用者遭受的损失严重程度也存在差异，例如，采用者在玉米储备过程中受到鼠害袭扰的程度比非采用者更轻（采用者：1. 84，非采用者：2. 27）；从损失数量来看，先进储备设施显著降低农户玉米储备损失，采用者与非采用者相比玉米储备损失更小（采用者：20. 05 公斤，非采用者：53. 02 公斤）。另外，在储备过程中，采用者比非采用者使用更少的化学药剂（采用者：0. 32，非采用者：0. 43），且采用者比非采用者更少依靠市场满足粮食消费（采用者：0. 30，非采用者：0. 39）。

8. 2　理论框架与研究方法

8. 2. 1　农户先进储存设备采用模型

根据效用最大化理论，农户决定是否采用先进储存设备取决于农民预期从中获得的效用。如果采用设备的预期效用（U_a）大于不采用设备的预期效用（U_n），即：$U_a>U_n$，此时，农户将会采用先进设备（Kassie 等，2011）。

随机效用模型假定农户使用先进储存设备得到的效用 U_a 是由可观测的特征集 Z_i 和未被观测的随机误差项 e 组成，即：

$$T_i^* = \beta Z_i + e \tag{8-1}$$

其中，T_i 表示农户采用先进储存设备的潜变量，如果农户 i 采用先进储备设施，则取值为 1，否则为 0；β 表示要待估参数；Z 表示解释变量向量；e 表示误差项。由于存在误差项，导致没有足够的信息来预测个人的选择，但可以基于可观察到的家庭特征等信息使用 Probit 或 Logit 模型估计农户采用先进储存技术的概率，即：

$$Pr(T_i=1) = pr(T_i^*>0) = 1 - F(-\beta Z_i) \tag{8-2}$$

其中，F 表示误差项 e 的累计分布函数，假定其满足正态分布或 Logistic 分布。

8.2.2　政策影响评估与选择性偏误

政策影响评估的难点是产生反事实（Counterfactual）的同时解决选择性偏误问题（De Fond 等，2017）。采用者和非采用者之间不可观测的特征，可能存在系统性差异，如果直接比较采用者和非采用者之间的差异可能会导致估计偏差（Lian 等，2011）。同时，使用虚拟变量作为控制变量的回归模型无法解决因农户之间的特征差异造成的选择性偏误（Heckman，1979）。

研究人员提出多种方法解决该问题，其中一种是随机分配法，即使用随机化的方法，如投硬币，将参与者分配到不同组别中，这确保了每个参与者有平等的机会被安置在任何组中（Janvry 等，2011）。然而，该方法不适用于事后研究。当然，使用具有家庭固定效应的面板数据进行估计是另一种选择（Wooldridge，2003）。但是，在研究中，获取农户的面板数据难度较大。另外，赫克曼矫正法（又称两步法）和工具变量法（IV）也是解决选择性偏误的方法（Khandker，2010；Heckman 等，1997）。这些方法加强了分布和方程形式假设，对许多实证研究来说是一个挑战（Jalan 和 Ravallion，2003）。在非实验框架中处理选择性偏误的另一种计量经济学方法是倾向性得分匹配法（PSM），它没有对分布状态和方程形式做出假设，也没有要求协变量的外生性，因此运用广泛（Diagne 和 Demont，2010）。

8.2.3　研究方法

倾向性得分匹配法通过将每个实验组中农户与一个或多个具有类似可观察特征的控制组农户进行匹配来消除样本选择性偏误（罗明忠等，2017）。本质上，匹配模型是模拟采用者和非采用者被随机分配的实验条件，从而识别技术采纳和结果之间的因果关系（Heckman 等，1997）。因此，倾向得分匹配法不能基于未观察到的异质性消除选择性偏误；但是，可以通过敏感性分析检查倾向得分匹配的结果（Becker 和 Ichino，2002）。

本部分使用倾向性得分匹配法评估先进储粮设备对农户玉米储存行为和储备损失的影响，其效应估计分为以下几个阶段进行。首先，使用 Logit 模型，即式（8-2）估计农户使用先进储粮设备的条件概率并计算倾向得分；其次，使用三种不同的匹配法（最近邻匹配、核匹配和半径匹配）对采用和不采用先进储备设施的农户进行匹配[①]；再次，检查匹配效果并计算平均处理效应（ATT）；最后，进行敏感性检验。

倾向性得分匹配的主要目的是使观察到的协变量分布保持一致，匹配后实验组和控制组之间的协变量分布应该没有系统差异（Lee，2013）。因此，可以使用多种协变量平衡测试来检验匹配结果（Rosenbaum 和 Rubin，1985）。本部分使用双样本 t 检验检查匹配后实验组和控制组中观察到的特征平均值是否存在显著差异。另外，可以通过比较准 R^2（Pseudo R^2）和似然比检验的 p 值检验匹配效果。

---

①　最近邻匹配基于倾向得分的差异大小，在控制组中找到与实验组农户倾向得分差异最小的农户作为比较对象。核匹配是构造一个虚拟对象来匹配实验组，构造的原则是对现有的控制变量做权重平均，得分更接近的人赋予的权重更大。半径匹配是事先设定半径范围，将实验组中倾向得分与控制组倾向得分的差异在半径范围内的样本进行匹配。

同时，使用倾向得分图来检查是否满足共同支撑条件。此外，Rosenbaum 和 Rubin（1985）建议使用采用者和非采用者的平均绝对标准误（MASB）检验平衡性，如果标准化差异超过 20% 就意味着匹配失败。

本部分在估计先进储存设备对农户储备行为和储备损失的影响时，主要考虑以下几个方面：玉米储备损失数量、储备损失水平、储存时长和鼠害情况。假设采用先进储备设施将减少玉米储备损失并减轻鼠害，同时延长农户储粮时间。根据经济理论和以往的研究，可能影响农户采用先进储备设施的因素包括决策者（户主）特征、家庭经济特征、生产经营指标等。

8.3 实证结果与分析

8.3.1 农户采用先进储备设施的影响因素

在倾向性得分匹配的第一步，使用 Logit 模型估计农户采用先进储备设施的影响因素，并计算每个家庭的采用倾向；然后使用最近邻匹配对采用者和非采用者进行匹配，并且加入核匹配和半径匹配进行比较。

参考以往研究，可能影响农户采用先进设施的因素包括决策者（户主）特征、家庭经济特征和生产经营指标等（褚彩虹等，2012；冯晓龙等，2018）。进入模型的决策者（户主）特征包括年龄、性别、受教育年限状况；家庭经济特征包括家庭规模、家庭年收入及存款情况；生产经营指标包括是否接受农技培训、家庭耕地面积、玉米种植面积和玉米产量；其他因素包括距城镇的距离和农户节约意识。

估计结果如表 8-4 所示，家庭决策者（户主）是男性的家庭更有可能采用先进设施。可能的原因在于，男性比女性社会关系网络更广、获取信息的能力更强且更为理性，更了解并愿意购买先进技术（王格玲和陆迁，2015）。家庭决策者（户主）年龄更大也更有可能采用先进设施。相比于年龄较小的农户，大龄农户经历过贫穷、艰苦的年代，更具有爱粮、惜粮和节粮观念。

表 8-4　农户先进储备设施采用 Logit 模型估计结果

特征指标	变量	变量赋值	系数	标准差
		因变量：是否采用先进设施（是=1，否=0）		
决策者/户主特征	性别	男=1；女=0	0.32*	0.18
	年龄	决策者/户主年龄（年）	0.02***	0.01
	教育年限	决策者/户主受教育年限（年）	0.00	0.03
家庭经济特征	家庭人口数	家庭人口总数（人）	-0.04	0.61
	收入水平	家庭年收入（元）的对数	0.30***	0.11
	存款情况	家庭是否有存款（是=1；否=0）	0.18	0.13
生产经营指标	农技培训	是否参与农技培训（是=1；否=0）	-0.85***	0.26
	土地面积	耕地总面积（亩）	-0.01	0.01
	玉米种植面积	玉米种植面积（亩）	0.04***	0.01
	玉米产量	玉米产量（公斤）	-0.00	0.00
其他指标	距城镇远近	距最近城镇距离（千米）	-0.02**	0.01
	节约意识	是否参与减损实验（是=1；否=0）	-0.16	0.18
常数			-8.80***	1.86
地区虚拟变量		已控制		
样本量		1202		
LR chi^2（17）		136.32		
Prob>chi^2		0.00		
Pseudo R^2		0.09		
Log likelihood		-707.15		

注：***、**和*分别表示在1%、5%和10%的统计水平上显著。

　　从家庭经济特征指标来看，收入水平高的家庭更有可能采用先进设施。收入水平高则可支配的财富相对更多，能够承担购买先进设施的开支，更有可能采用先进设施（李卫等，2017）。从生产经营指标来看，没有农技培训经历的农户更可能采用先进设施。可能的原因是，农技培训中包含了控制储粮损失的内容，农户对于自己的技术水平和管理能力更为自信，购买先进设施的意愿相对较低。玉米种植面积大的农户更可能采用先进设施。玉米种植面积大，玉米储备数量可能更多，为了避免虫害、鼠害等爆发造成重大损失，农户更可能购买先进设施。

从其他指标来看，距离城镇近的农户更可能采用先进设施。可能的原因是距离城镇更近，农户接触到的信息更多，农户更加了解先进设施的优点；并且距离城镇近，先进设施的安装和售后保障等工作更为便利，农户更有意愿采用先进设施（贾蕊和陆迁，2017）。

8.3.2 倾向性得分匹配相关检验

倾向得分匹配的第二步，对采用者和非采用者使用三种不同的匹配方法进行匹配，并检验匹配过程是否能够使实验组和控制组中相关协变量分布一致。

匹配过程降低了 Logit 模型的准 R^2（匹配前为 0.087，匹配后分别为 0.008、0.004 和 0.004）。似然比检验的 P 值在匹配后不显著，表明匹配后采用者和非采用者之间的协变量分布没有系统性差异。平均偏差和中位偏差在匹配后均低于要求的 20%，甚至低于 5%，表明这次匹配是成功的（见表 8-5）。

表 8-5 匹配统计检验

匹配方法	Pseudo-R^2	LR 统计量	p 值	Mean Bias	Median Bias
匹配前	0.087	134.98	0.000	15.4	14.4
近邻匹配	0.008	9.10	0.937	5.0	4.3
半径匹配	0.004	4.45	0.999	2.9	1.5
核匹配	0.004	4.64	0.999	3.2	2.1

平衡性检验（Pstest）显示匹配后偏误显著减少；并且，匹配后实验组和控制组各变量均值之间不存在显著差异（见表 8-6）。

表 8-6　匹配平衡检验结果

变量	实验组（N=415）	控制组（N=786）	标准偏误（%）	误差消减（%）	T-test（p 值）
性别	1.15	1.15	-1.10	85.10	0.88
年龄	54.70	54.80	-0.90	92.50	0.90
教育年限	7.03	7.09	-2.30	32.00	0.74
家庭人口数	3.86	3.92	-3.90	50.20	0.59
收入水平	10.83	10.86	-5.10	78.00	0.44
存款情况	0.52	0.53	-2.10	81.30	0.76
农技培训	1.94	1.94	-1.30	91.20	0.83
土地面积	15.40	13.84	7.70	53.70	0.30
玉米种植面积	11.92	10.39	9.40	55.80	0.22
玉米产量	6774.60	5644.30	10.90	40.00	0.14
距城镇远近	4.96	4.83	2.50	86.70	0.68
节约意识	1.86	1.86	-0.10	99.40	0.99

注：在倾向得分匹配过程中，缺乏合适匹配对象的农户被剔除。

另外，绝大多数观测值均在共同取值范围内，在匹配过程中仅损失少量样本（见图 8-1）。

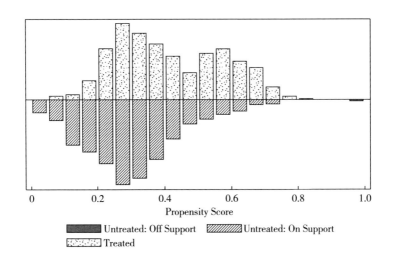

图 8-1　倾向得分的共同取值范围

8.3.3 采用先进储备设施对农户玉米储备行为和储备损失的影响

为评估先进储备设施的影响，匹配后计算平均处理效应（ATT）（见表8-7）。结果表明，三种匹配方法的结果相对一致，采用先进储备设施显著增加农户玉米储备数量、减少了储备损失、降低了储备损失率、延长了储备时间并减轻了鼠类危害。

表8-7 采用先进储备设施的影响

结果变量	匹配方法	实验组	控制组	平均处理效应（ATT）	标准差	T-stat
储备数量（公斤）	近邻匹配	4655.30	3286.75	1368.55	536.83	2.55
	半径匹配	4655.30	3466.53	1188.77	493.17	2.41
	核匹配	4655.30	3455.64	1199.66	494.88	2.42
储备损失（公斤）	近邻匹配	20.05	48.68	−28.63	10.82	−2.65
	半径匹配	20.05	53.36	−33.31	7.52	−4.43
	核匹配	20.05	53.07	−33.02	7.61	−4.34
储备损失率（%）	近邻匹配	0.87	2.78	−1.91	0.24	−7.87
	半径匹配	0.87	2.74	−1.87	0.19	−9.79
	核匹配	0.87	2.74	−1.87	0.19	−9.67
储备时间（季度）	近邻匹配	2.02	1.79	0.23	0.11	2.05
	半径匹配	2.02	1.83	0.19	0.10	1.87
	核匹配	2.02	1.83	0.19	0.10	1.85
鼠害程度	近邻匹配	1.84	2.31	−0.47	0.07	−7.03
	半径匹配	1.84	2.31	−0.48	0.06	−7.94
	核匹配	1.84	2.31	−0.48	0.06	−7.91
化学药剂	近邻匹配	0.32	0.38	−0.06	0.04	−1.58
	半径匹配	0.32	0.41	−0.09	0.03	−2.83
	核匹配	0.32	0.41	−0.09	0.03	−2.77
粮食安全	近邻匹配	0.30	0.38	−0.08	0.04	−2.49
	半径匹配	0.30	0.35	−0.06	0.03	−2.01
	核匹配	0.30	0.36	−0.06	0.03	−2.06

采用先进储备设施的农户平均玉米储备数量 4655.30 公斤，玉米储备损失仅为 20.05 公斤，而不采用先进储备设施的农户平均玉米储备数量为 3286.75 ~ 3466.53 公斤，玉米储备损失达 48.68~53.36 公斤；采用先进储备设施的农户平均玉米储备损失率为 0.87%，不采用的农户玉米储备损失率为 2.74%~2.78%。同时，采用先进储备设施的农户平均玉米储存时间长达半年（2.02 个季度），不采用的农户玉米储存时间在 1.79~1.83 个季度；采用先进储备设施的农户遭受鼠害的情况比不采用的农户显著降低。另外，使用先进储备设施降低农户粮食储备过程中使用杀虫剂的概率，也降低市场购粮占农户家庭粮食消费的比例。

8.3.4　敏感性分析

倾向得分匹配法只能根据可观测到的协变量进行调整，经过可观测的变量匹配后，如果不存在不可观测的特征影响农户采用先进储备设施，那么所有农户采用先进储备设施的倾向分数相等；如果存在影响农户采用先进储备设施的不可观测的异质性，那么根据可观测的变量匹配后，不同的农户采用先进储备设施的可能性仍然存在差异（Abdulai 和 Huffman，2014）。

Rosenbaum 边界法是计算当存在不同程度的无法观测的影响农户采用先进储备设施的异质性情况下，采用先进储备设施所造成的平均处理效应。通过 Rosenbaum 边界法进行敏感性分析可以考察不可观测的异质性是否显著改变估计结果（李云森，2013）。如果未被观测到的异质性对估计结果产生重大影响，即表明利用可观测特征的倾向得分匹配法所得出的结论可能存在错误（DiPrete 和 Gangl，2004）。相应地，Rosenbaum 边界估计结果如表 8-8 所示。

表 8-8　Rosenbaum 边界估计结果

Γ	储备数量		储备损失		储备损失率		储备时间		鼠害程度		化学药剂		粮食安全	
	sig+	sig-	sig+	sig-	sig+	sig-	sig+	sig-	sig+	sig-	sig+	sig-	sig+	sig-
1	0	0	0	0	0	0	0.01	0.01	0	0	0	0	0	0
1.1	0	0	0	0	0	0	0.04	0	0	0	0	0	0	0

续表

Γ	储备数量		储备损失		储备损失率		储备时间		鼠害程度		化学药剂		粮食安全	
	sig+	sig-	sig+	sig-	sig+	sig-	sig+	sig-	sig+	sig-	sig+	sig-	sig+	sig-
1.2	0	0	0	0	0	0	0.17	0	0	0	0	0.02	0	0
1.3	0	0	0	0	0	0	0.39	0	0	0	0	0.07	0	0
1.4	0	0	0	0	0	0	0.65	0	0	0	0	0.19	0	0.10
1.5	0	0	0	0	0	0	0.84	0	0	0	0	0.37	0	0.20

注：sig+代表上限显著性水平，sig-代表下限显著性水平。

由表8-8可知，Γ必须增加1.2倍才能改变先进储备设施对储备时间影响的估计；Γ必须增加1.4倍才能改变先进储备设备对化学药剂和粮食安全影响的估计；并且即使Γ增加了1.5倍，采用先进储备设施对于农户玉米储备数量、储备损失、储备损失率和鼠害程度的效果仍然是显著的。因此，无法观测的特征导致农户采用先进储备设施的可能性发生较小程度的差异不会导致估计结果发生显著的改变。这也意味着基于可观测特征的倾向得分匹配法是适用的。

8.3.5 成本收益分析

上述分析表明，采用先进储备设施显著降低农户储备损失。然而，先进设备价格高昂，减损带来的收益可能不足以刺激农户自发购买先进设备（西爱琴等，2015）。因此，本部分对采用先进储备设施的成本收益进行分析。

以农户常用的金属筒仓为例，1个1000公斤的金属筒仓市场价格约400元。在实施科学储粮工程后，农民只需承担40%的费用，其余60%由中央和地方财政补贴。即农民只需支付160元即可购买1个容量为1000公斤的先进储粮设备。在本部分的样本中，农户平均储备玉米约4000公斤，即需要购买4个金属仓，市场价值1600元，农户个人承担640元。采用先进储备设施，平均每年减少储备损失为28.63~33.31公斤。按3元/公斤计算[①]，减损使农户获得的收益约100

[①] 在本部分样本中，玉米收获期价格为1.7元/公斤（2015年）。2020~2021年玉米价格上升，玉米期货价格最高达2930元/吨，仍未超过3元/公斤。本部分使用3元/公斤实际是高估了农户收益。

元。在没有补贴的情况下，农户需要 16 年才能获取正收益；在政府补贴情况下，农户也需要 7 年时间收回投资①。因此，在无政府补贴的情况下，农户可能不会采用先进储备设施。这也符合本部分的结论，即高收入农户更可能采用先进储备设施。

8.4　本章小结

本章基于 23 个省份的 1202 户农户调查数据，使用倾向性得分匹配法评估先进储备设施对农户家庭储备损失和储备行为的影响。

在匹配之前，采用者和非采用者之间存在实质性差异。如果直接比较采用者和非采用者之间的差异可能会产生错误。同时，使用虚拟变量作为控制变量的回归模型无法解决因农户之间的特征差异造成的选择性偏误。在前人研究的基础上，本章决定采用倾向性得分匹配法评估先进储备设施对农户玉米储备损失和储备行为的影响。

Logit 模型的估计结果表明家庭决策者（户主）的性别、年龄、家庭收入水平、农技培训经历、玉米种植面积以及家庭距离城镇远近等变量对农户采用先进储备设施产生了显著影响。其中，从家庭特征来看，家庭决策者（户主）是男性、家庭决策者（户主）年龄更大的家庭决策者（户主）的家庭更有可能采用先进设施；从家庭经济特征指标来看，收入水平高的家庭更有可能采用先进设施；从生产经营指标来看，没有农技培训经历、玉米种植面积更大的农户更可能采用先进设施；从其他指标来看，距离城镇近的农户更可能采用先进设施。

倾向性得分匹配的结果表明，先进储备设施显著增加农户玉米储备数量、降低农户家庭储备损失、延长存粮时间并减轻鼠类危害。农户采用先进储备设施能

---

① 因采用先进储备设施仅能延长储备时间 0.2 个季度，所以本次测算并未考虑扩大储备数量与不同时点价格变化的影响，即假设短时间内玉米价格没有发生变化。

够使玉米储备损失数量减少 60% 左右，减少的损失使农民平均节约玉米 29~33 公斤，玉米储备损失率由 2.70% 下降到 0.87%，达到发达国家水平（Hodges 等，2011）。现有研究认为鼠害是造成农户储备损失的主要因素，而本次的研究结果表明采用先进储备设施显著减轻了储备过程中的鼠害程度，从源头上控制了农户遭受储备损失的风险（Brown 等，2013；Yonas 等，2010）。同时，采用先进储备设施也造成了农户储备行为的变化，采用先进储备设施的农户的玉米储备规模和时间分别比非采用者平均多 1200 公斤和 0.2 个季度。并且，采用先进储备设施使农户降低储备过程中使用化学药物的可能性，降低了农户从市场购买粮食满足家庭粮食消费的比例。

成本收益分析的结果表明，在没有补贴的情况下，农户需要 16 年才能获取正收益；在政府补贴情况下，农户也需要 7 年时间收回投资。因此，政府应继续实施科学储粮工程，鼓励农户采用先进储备设施，减少储粮损失。

第9章 研究结论、政策启示及研究展望

　　中国粮食供需长期处于紧平衡。受水土等自然资源限制，加上中国劳动力工资和农资价格持续抬升，中国粮食产量进一步增长的空间有限。然而，随着社会经济发展、人民消费结构进一步升级，中国粮食需求依然呈现增长态势。因此，减少粮食产后损失和浪费成为保障国家粮食安全的重点。

　　农户储备是中国粮食产后系统的核心环节，中国农户家庭粮食储备数量规模庞大，农户家庭储备是国家粮食储备体系的重要组成部分。然而，相比欧美等发达国家和地区，中国农户家庭储备设施简陋、储粮技术落后，农户储粮损失严重。因此，在粮食产量接近"天花板"的背景下研究农户粮食储备损失及相关问题极具现实意义。

　　本书以农户粮食储备损失为出发点和切入点，利用"2015 年度粮食行业公益性科研专项——粮食产后损失与浪费调查"专题调研数据，研究如下问题：①测算中国农户储备损失情况，并评估减损对保障中国粮食安全和节约资源的影响。②以玉米为例，实证分析影响中国农户储备损失的主要因素。③通过理论分析，将农户储备损失引入农户储备决策模型，分析储备损失与农户储备决策的关系。④运用倾向性得分匹配法评估了科学储粮工程的实施效果，为进一步保障国家粮食安全提供研究支持。

9.1 研究结论

第一，自21世纪以来，农户家庭粮食年末储备占当年粮食产量的比例逐渐下降。目前，中国农户年末储备量为当年产量的40%，农户年末粮食储备的主要用途依然为口粮。根据调研数据，当前，中国农户收获后储备数量约为4500公斤，收获后3个月末农户储备数量约为2000公斤，收获后6个月末余量不到1000公斤，收获后9个月末余量约为300公斤，收获后12个月末余量约为100公斤。不同品种的农户粮食储备情况为，玉米储备规模最大，储备量为4000公斤；排在第二位的为粳稻，储备规模为1800公斤；第三位的为籼稻，储备规模为1400公斤；土豆排在第四位，储备规模为1200公斤；而后是小麦，储备规模为900公斤。其他粮油作物的储备规模为：大豆635公斤，油菜籽189公斤，花生658公斤，红薯496公斤。

第二，不同作物的农户储备损失大同小异，三大主要粮食作物的农户储备损失率约2%。农户储备损失最高的作物是土豆，储备损失率为6.48%；其次为红薯，储备损失率为5.82%；油菜籽的损失率最低，为1.52%；其余作物储备损失率如下：粳稻储备损失率为2.02%；籼稻储备损失率为2.38%；小麦储备损失率为2.19%；玉米储备损失率为1.78%；花生储备损失率为2.43%；大豆储备损失率为5.40%。从损失来源看，三大主粮作物（水稻、小麦和玉米）、大豆和花生的储备损失主要来自鼠害；霉变是油菜籽、红薯和土豆的主要损失来源。同时，中国各地区粮食储备损失水平存在差异，粮食主产区农户粮食储备损失低于其他地区，山东省农户储粮损失率最低，为0.95%。另外，在农户常用的储备设施中，仓类设施的储备效果好、储备损失水平低。

第三，减少农户储备环节的损失对保障国家粮食安全，降低资源消耗意义重大。如果农户储备损失下降到国家预期标准（1.50%），相当于节约耕地48.82

万公顷，节约化肥 14.84 万吨，节约水资源 23.40 亿立方米，可满足 452.10 万人 1 年的食物消费。如果农户储备损失水平达到国外先进标准（1.00%），相当于节约耕地 70.42 万公顷，节约化肥 22.44 万吨，节约水资源 36.48 亿立方米，节约的粮食可满足 721.61 万人 1 年的食物消费。如果中国农户储备损失水平降低到国有粮食储备库的水平，相当于节约耕地 107.13 万公顷，节约化肥 35.35 万吨，节约水资源 58.72 亿立方米，节约的粮食可满足 1179.79 万人 1 年的食物消费。同时，储备损失使中国主要粮食作物增加的无效碳成本达 $3.38 \times 10^{10} kg$ CO_2-eq。减少储备损失能显著降低碳排放。如果农户粮食储备损失下降到国家预期标准（1.50%），能够减少碳排放 32.22 万吨。

第四，Franction Logit 模型实证结果表明，储备规模、自用率、仓类设施、框袋、当地鼠害情况、化学防治、物理防治和成熟程度对农户玉米储备损失水平存在显著影响。其中，储备规模和成熟程度与农户玉米储备损失负相关，自用率和当地鼠害情况与农户玉米储备损失正相关。相对于其他措施，化学防治、物理防治等措施的储备损失水平更高，表明农户仅在出现重大损失时才会进行减损活动，证实中国农户大多采取事后控制的推理。相对于其他设施，仓类设施和框袋设施显著降低玉米储备损失率。同时，分样本估计结果表明，影响中国各区域玉米储备损失的主要因素存在一定差异。除自用率、当地鼠害情况、仓类设施、储存规模及物理防治与两个或两个以上区域的玉米储备损失显著相关外，第一区玉米储备损失主要影响因素还包括品种、气候条件和成熟程度，第二区玉米储备损失主要影响因素还包括性别、柜罐和化学防治。

第五，不同规模农户储备损失存在差异，随着规模增加，农户玉米储备损失率呈现先下降后上升的"U"型趋势，中规模农户的玉米储备损失率最低，为 1.60%；小规模农户玉米储备损失率为 1.92%，大规模农户玉米储备损失率为 1.81%。实证结果表明，不同规模农户储备损失的影响因素略有不同。其中，自用率和仓类设施两个变量与不同规模农户玉米储备损失显著负相关，并且在 1% 的水平上显著。储备规模、品种、鼠害严重程度、物理防治和化学防治五个变量对两种不同规模农户的玉米储备损失产生显著影响。另外，中规模农户玉米储备损失的主要影响因素还有性别、受教育年限和气候条件；大规模农户玉米储备损失还与筐袋、玉米成熟程度显著负相关。

第六，农户玉米储备数量受储备损失的显著影响。通过理论分析，本书将储备损失引入农户玉米储备决策模型，并运用分位数回归法实证分析储备损失对农户玉米储备数量的影响。研究发现，在控制其他因素的影响后，储备损失与农户玉米储备数量显著负相关。另外，玉米产量、市场发育程度、预期价格和节约意识等变量也对农户玉米储备数量产生显著影响。由于储备损失既是在储备决策时考虑的重要因素，也是农户储备行为的结果，可能存在内生性问题。本书使用农户家庭距最近城镇距离和晾晒环节天气情况作为玉米储备损失的工具变量，并使用两阶段最小二乘法对模型重新进行估计，解决潜在的内生性问题，并检验结论的稳健性。工具变量法的结果表明，解决内生性问题后，相关结论依然成立。同时，有序 Logit 模型和工具变量法的估计结果表明，农户玉米储备时长与储备损失并无显著关系，储备损失对农户玉米储备时长的影响较小，农户玉米储备时长受包括玉米产量、市场发育程度、流动性约束、收入水平、非食品消费、牲畜饲养行为和家庭常住人口数等变量其他因素的影响较大。

第七，科学储粮技术（先进储备设施）显著降低了农户玉米储备损失并改变农户储备行为。Logit 模型的估计结果表明，农户是否采用先进储备设施与家庭决策者（户主）个体特征（性别和受教育年限）、收入水平、农技培训经历、玉米种植面积以及家庭距离城镇远近等变量显著相关。倾向性得分匹配法的结果表明，先进储备设施显著降低农户玉米储备损失、延长玉米储备时间并减轻储备期间的鼠类危害。农户采用先进储备设施能够使玉米储备损失数量降低 60% 左右，减少的损失使每个农户家庭节约玉米 29~33 公斤，玉米储备损失率由 2.70% 下降到 0.87%，达到发达国家水平（Hodges 等，2011）。同时，使用先进储备设施显著减轻储备过程中的鼠害，从源头上控制了储备损失风险（Brown 等，2013；Yonas 等，2010）。另外，采用先进储备设施也使农户玉米储备行为发生了改变。采用先进储备设施农户的玉米储备数量和储备时间分别比非采用者平均多 1200 公斤和 0.2 个季度；并且，采用先进储备设施降低了农户储备过程中使用化学药物的可能性，也降低了农户从市场购买粮食满足家庭粮食消费的比例，减少农户对粮食市场的依赖。

9.2 政策启示

减少粮食产后损失已经成为学术界研究的热点，现有研究主要集中在非洲、南亚等落后地区，中国粮食产后损失研究不足。中国人多地少、自然资源相对匮乏，在追求高效发展、节约发展和绿色发展的时代背景下，本书以农户储备损失为出发点和切入点，构建了一个完整的经济学分析框架，对农户储备损失问题进行研究，极具理论意义和现实意义。

相比 20 世纪末，中国农户储备损失大幅下降，但与发达国家先进水平存在差距，仍有提升空间。农户储备损失的影响因素是多元复杂的，结合规模经济理论，本书重点考察规模对农户玉米储备损失的影响，发现规模和储备损失之间的"U"型关系。通过理论推导并构建计量经济模型，本书将农户储备损失引入农户储备决策模型，发现储备损失对农户储备规模的负面效应。并且，政策效果评估的结果显示，采用先进储备设施显著降低农户玉米储备损失。本书不仅在理论上丰富农户储备行为分析，也为中国政府保障国家粮食安全提供新的视角和经验证据。

本书结论引申出的政策含义是显而易见的，可以总结为以下几点：

第一，应继续实施科学储粮工程，推广适宜的储备设施。本书的结果证实，相对于其他储存设备，仓类设施能够降低农户储备损失。因此，政府应该继续实施科学储粮工程，推动更多的农户使用先进的储备设施，降低农户储备损失，必要时可以加大补贴力度或提供低息贷款，激励农户购买先进设施。同时，也可以通过农技推广部门和受农户欢迎的媒体推广先进的储备技术和信息，增强农民的技术使用意识，实现藏粮于技、藏粮于民。

第二，提升农户储备管理能力和水平。粮食储藏并非简单地随意堆放，粮食储藏前需要进行相关技术处理，保证粮食入仓湿度达到规定要求；粮食入仓储存期间需要农户进行长期密切监测，对仓内温度、湿度等情况进行详细了解和掌握，并具备一定的知识水平和职业技能处理突发虫鼠害等情况。在当前土地流转加速、种粮大户等新型经营主体涌现的背景下，政府应重视提升农户素质和职业技能，可以通过农技培训等方式，提高农户储备管理技术水平，减少储备损失。

第三，推动规模化、集中化储粮。中国农业发展进入新的历史时期，在政策推动下，未来将出现更多的种粮大户等新型经营主体。本书发现，在当前的技术水平下，储备规模与储备损失水平之间存在先降后升的"U"型关系，其临界点为 38.11 吨，相对应的经营规模为 6.33 公顷（94.95 亩）①。样本户平均经营规模约 10 亩，与该数值差距较大。因此，中国政府应该继续推动土地流转，鼓励适度规模经营。同时，国家可以依托种粮大户，提供相应激励政策，实现农户储备规模化。在条件允许时，借鉴欧美、巴西等农业大国经验提供粮仓建设补贴，推动农户粮库建设并鼓励种粮大户提供储粮社会化服务，减少农户储备损失。

第四，培育更适宜储存的优良品种。品种培育是解决粮食损失的前端环节，优良品种的抗病虫害、抗倒伏等特性既能够减少粮食生长环节由病虫害造成的直接损失，也能对粮食产后损失产生影响。例如，作物倒伏对粮食收获环节损失影响显著（曹芳芳等，2018b）。本书发现，目前的高产品种储备损失更高，可能并不适宜长期储存。因此，需要培育更具有抗霉、抗腐等特性，适宜储存的品种，降低储备损失。

第五，增强农户爱粮节粮意识。实证研究表明，年龄和收入对农户玉米储备损失有显著影响，这些变量与农户节约意识关系密切。强化农户的节粮爱粮意识不仅能够直接降低储备环节的损失，而且能够减少粮食产后其他环节的损失和浪费。因此，政府需要通过媒体或其他适宜的渠道，大力宣传"节粮爱粮"好风气，增强广大农民的节粮减损意识。

---

① 当前中国玉米平均单位面积产量 6.12 吨/公顷。

9.3 研究展望

后续研究还可以从以下三个角度展开：

第一，农户储粮的质量损失问题。粮食数量损失衡量方法简单，但粮食质量损失衡量指标颇多，并且更为具体；加上农户对质量损失的肉眼观测准确度不高，使用问卷调查法和访谈法获取粮食质量损失数据基本不可行，也不可信。因此，对粮食质量损失及相关问题进行研究需要解决的问题更多，难度更大，但更具现实意义。

第二，粮食损失对农户福利和粮食价值链的影响研究。减少粮食损失等于增加了农户粮食数量。从微观层面来看，在既定价格水平下，粮食数量增加，农户收入必然增加；收入改变后，是否会影响农户生产经营等其他行为？从宏观层面来看，农场端的粮食供应量增多，会给市场和产业下游造成何种影响？这些问题都极具经济学理论意义和现实意义。

第三，最佳储备时间或最优损失率的研究。不同于国库储备的公益性目的，农户储备的基本出发点是收益最大化。结合粮食生产周期、粮食价格波动及物流跨区调动能力，农户何时沽空库存能实现利润最大化？同时，减少储备损失势必造成一定的成本，增加的成本和减损带来的收入在何时能实现农户利润最大化？囿于数据，本书缺乏对相关问题的分析，这也是将来进一步研究的方向。

参考文献

［1］保罗·萨缪尔森，威廉·诺德豪斯．经济学（第19版）［M］．北京：商务印书馆，2013.

［2］蔡键，林晓珊，米运生．农业投资迂回化的倒"U"型路径——基于农业生产者经营规模的问卷考察［J］．农村经济，2019（09）：85-92.

［3］曹宝明，姜德波．江苏省粮食产后损失的状况、原因及对策措施［J］．南京经济学院学报，1999（01）：21-27.

［4］曹芳芳，黄东，朱俊峰，等．小麦收获损失及其主要影响因素——基于1135户小麦种植户的实证分析［J］．中国农村观察，2018a（02）：75-87.

［5］曹芳芳，朱俊峰，郭焱，等．中国小麦收获环节损失有多高？——基于4省5地的实验调研［J］．干旱区资源与环境，2018b，32（07）：7-14.

［6］曾广伟．河南省2011年农户存粮售粮情况调查分析［J］．种业导刊，2011（06）：8-9.

［7］陈传波，丁士军．对农户风险及其处理策略的分析［J］．中国农村经济，2003（11）：66-71.

［8］陈海波．土榨花生油里的黄曲霉毒素有多毒［N］．光明日报，2018-12-10.

［9］陈和午．农户模型的发展与应用：文献综述［J］．农业技术经济，2004（03）：2-10.

［10］陈齐畅，吕杰，韩晓燕．规模差异视角下盘山县稻田经营行为及生产效率研究［J］．农业经济，2015（04）：70-71.

［11］成升魁，白军飞，金钟浩，等．笔谈：食物浪费［J］．自然资源学报，2017，32（04）：529-538.

［12］程杰，杨舸，向晶．全面二孩政策对中国中长期粮食安全形势的影响［J］．农业经济问题，2017，38（12）：8-16.

［13］程蓁．基于农户主体的粮食政策效应仿真分析［D］．北京：中国社会科学院，2010.

［14］褚彩虹，冯淑怡，张蔚文．农户采用环境友好型农业技术行为的实证分析——以有机肥与测土配方施肥技术为例［J］．中国农村经济，2012（03）：68-77.

［15］邓大才．在社会化中研究乡村——中国小农研究单位的重构［J］．社会科学战线，2009（05）：35-44.

［16］杜志雄，肖卫东．农业规模化经营：现状、问题和政策选择［J］．江淮论坛，2019（04）：11-19+28.

［17］樊琦，黑文静，祁华清，等．湖北省粮油加工环节损失浪费研究［J］．粮油食品科技，2017，25（06）：78-83.

［18］冯晓龙，仇焕广，刘明月．不同规模视角下产出风险对农户技术采用的影响——以苹果种植户测土配方施肥技术为例［J］．农业技术经济，2018（11）：120-131.

［19］傅晨，狄瑞珍．贫困农户行为研究［J］．中国农村观察，2000（02）：39-42.

［20］高利伟，许世卫，李哲敏，等．中国主要粮食作物产后损失特征及减损潜力研究［J］．农业工程学报，2016，32（23）：1-11.

［21］谷树忠．恰亚诺夫家庭发展分析法及其现实意义［J］．人口与经济，1994（01）：57-60.

［22］广东省价格成本调查队．产量上升、户均存售粮增加——2014/2015

年广东省存售粮情况分析［J］．市场经济与价格，2015（07）：36-38.

［23］郭焱，张益，占鹏，等．农户玉米收获环节损失影响因素分析［J］．玉米科学，2019，27（01）：164-168.

［24］何安华，刘同山，张云华．我国粮食产后损耗及其对粮食安全的影响［J］．中国物价，2013（06）：79-82.

［25］何广文，何婧，郭沛．再议农户信贷需求及其信贷可得性［J］．农业经济问题，2018（02）：38-49.

［26］何秀荣．关于我国农业经营规模的思考［J］．农业经济问题，2016，37（09）：4-15.

［27］胡小平．粮食价格与粮食储备的宏观调控［J］．经济研究，1999（02）：51-57.

［28］胡耀华，陈康乐，刘聪，等．西北五省农户储藏小麦情况调查研究［J］．农机化研究，2013，35（10）：150-153.

［29］胡逸文，霍学喜．不同规模农户粮食生产效率研究［J］．统计与决策，2017（17）：105-109.

［30］胡越，周应恒，韩一军，等．减少食物浪费的资源及经济效应分析［J］．中国人口·资源与环境，2013，23（12）：150-155.

［31］黄东，姚灵，武拉平，等．中国水稻收获环节的损失有多高？——基于5省6地的实验调查［J］．自然资源学报，2018，33（08）：1427-1438.

［32］黄东．中国农户的粮食储备和销售行为研究——基于非农就业的视角［D］．北京：中国农业大学，2020.

［33］黄利会，王雅鹏．中部粮食主产区农户储粮行为的影响因素分析［J］．统计与决策，2009（11）：65-67.

［34］黄宗智，彭玉生．三大历史性变迁的交汇与中国小规模农业的前景［J］．中国社会科学，2007（04）：74-88+205-206.

［35］黄宗智．华北的小农经济与社会变迁［M］．北京：中华书局，2000.

［36］贾晋，刘杰．农户粮食储备的行为动机和影响——基于现有文献的评

述与展望［J］．山东省农业管理干部学院学报，2012，29（04）：28-30+47.

［37］贾蕊，陆迁．信贷约束、社会资本与节水灌溉技术采用——以甘肃张掖为例［J］．中国人口·资源与环境，2017，27（05）：54-62.

［38］江金启，T. Edward Yu，黄琬真，等．中国家庭食物浪费的规模估算及决定因素分析［J］．农业技术经济，2018（09）：88-99.

［39］姜长云，王一杰．新中国成立70年来我国推进粮食安全的成就、经验与思考［J］．农业经济问题，2019（10）：10-23.

［40］柯炳生．中国农户粮食储备及其对市场的影响［J］．中国农村观察，1996（06）：8-13.

［41］柯炳生．中国农户粮食储备及其对市场的影响［J］．中国软科学，1997（05）：22-26.

［42］李光兵．国外两种农户经济行为理论及其启示［J］．农村经济与社会，1992（06）：52-57.

［43］李光泗，曹宝明，马学琳．中国粮食市场开放与国际粮食价格波动——基于粮食价格波动溢出效应的分析［J］．中国农村经济，2015（08）：44-52+66.

［44］李光泗，肖城灼，刘婷．农户储粮投机行为及其影响因素分析——以稻谷为例［J］．粮食经济研究，2020，6（01）：15-24.

［45］李光泗，郑毓盛．粮食价格调控、制度成本与社会福利变化——基于两种价格政策的分析［J］．农业经济问题，2014，35（08）：6-15+110.

［46］李国景．人口结构变化对中国食物消费需求和进口的影响研究［D］．北京：中国农业大学，2019.

［47］李慧．向科技要安全储粮［N］．光明日报，2014-12-07.

［48］李金库，王玉娟，张瑛，等．玉米脂肪氧化酶缺失种质耐储藏特性的研究［J］．中国粮油学报，2006（06）：143-146.

［49］李强，张林秀．农户模型方法在实证分析中的运用——以中国加入WTO后对农户的生产和消费行为影响分析为例［J］．南京农业大学学报（社会

科学版），2007（01）：25-31+20.

[50] 李卫，薛彩霞，姚顺波，等．农户保护性耕作技术采用行为及其影响因素：基于黄土高原476户农户的分析［J］．中国农村经济，2017（01）：44-57+94-95.

[51] 李轩复，黄东，武拉平．不同规模农户粮食收获环节损失研究——基于全国28省份3251个农户的实证分析［J］．中国软科学，2019（08）：184-192.

[52] 李轩复．农户粮食收获环节损失研究——基于规模和机械化视角［D］．北京：中国农业大学，2020.

[53] 李岳云，蓝海涛，方晓军．不同经营规模农户经营行为的研究［J］．中国农村观察，1999（04）：41-47.

[54] 李云森．自选择、父母外出与留守儿童学习表现——基于不发达地区调查的实证研究［J］．经济学（季刊），2013，12（03）：1027-1050.

[55] 林坚，李德洗．非农就业与粮食生产：替代抑或互补——基于粮食主产区农户视角的分析［J］．中国农村经济，2013（09）：54-62.

[56] 林毅夫．小农与经济理性［J］．农村经济与社会，1988（03）：31-33.

[57] 刘畅，侯云先．基于进化博弈的农户储备粮食行为研究［J］．中国农业大学学报，2017，22（03）：154-159.

[58] 刘李峰，武拉平．农户粮食储备行为对国家粮食安全影响分析［J］．粮食科技与经济，2006（01）：17-18.

[59] 刘李峰．对"粮改"后我国粮食安全问题的思考——基于农户粮食储备行为变化的分析［J］．新疆农垦经济，2006（02）：17-20.

[60] 刘阳．农户粮食储备决策及引导机制研究——基于山东省的实证分析［D］．杭州：浙江理工大学，2014.

[61] 刘颖，金雅，王嫚嫚．不同经营规模下稻农生产技术效率分析——以江汉平原为例［J］．华中农业大学学报（社会科学版），2016（04）：15-21+127.

[62] 刘悦，刘合光，孙东升．世界主要粮食储备体系的比较研究［J］．经济社会体制比较，2011（02）：47-53.

［63］柳海燕，白军飞，仇焕广，等．仓储条件和流动性约束对农户粮食销售行为的影响——基于一个两期销售农户决策模型的研究［J］．管理世界，2011（11）：66-75.

［64］卢新海，柯善淦．基于海外耕地投资的中国粮食供给安全研究［J］．中国人口·资源与环境，2017，27（05）：102-110.

［65］罗明忠，刘恺，朱文珏．确权减少了农地抛荒吗——源自川、豫、晋三省农户问卷调查的PSM实证分析［J］．农业技术经济，2017（02）：15-27.

［66］罗屹，黄东，武拉平．农户玉米储存损失与玉米储存时间的相关性研究［J］．河南农业大学学报，2020a，54（06）：1067-1073+1080.

［67］罗屹，李轩复，黄东，等．粮食损失研究进展和展望［J］．自然资源学报，2020b，35（05）：1030-1042.

［68］罗屹，武拉平．不同规模农户玉米储存损失及其主要影响因素［J］．玉米科学，2021，29（01）：177-183.

［69］罗屹，严晓平，吴芳，等．中国农户储粮损失有多高——基于28省2296户的农户调查［J］．干旱区资源与环境，2019，33（11）：55-61.

［70］罗屹，苗海民，黄东，等．农户仓类设施采纳及其对玉米储存数量和损失的影响［J］．资源科学，2020c，42（09）：1777-1787.

［71］吕新业，胡向东．农业补贴、非农就业与粮食生产——基于黑龙江、吉林、河南和山东四省的调研数据［J］．农业经济问题，2017，38（09）：85-91.

［72］吕新业，冀县卿．关于中国粮食安全问题的再思考［J］．农业经济问题，2013，34（09）：15-24.

［73］吕新业，刘华．农户粮食储备规模及行为影响因素分析——基于四省不同粮食品种的调查［J］．农业技术经济，2012（12）：22-30.

［74］马九杰，张传宗．中国粮食储备规模模拟优化与政策分析［J］．管理世界，2002（09）：95-105.

［75］马永欢，牛文元．基于粮食安全的中国粮食需求预测与耕地资源配置研究［J］．中国软科学，2009（03）：11-16.

[76] 农业部农业贸易促进中心课题组，倪洪兴，于孔燕．粮食安全与"非必需进口"控制问题研究［J］．农业经济问题，2016，37（07）：53-59.

[77] 彭军，乔慧，郑风田．"一家两制"农业生产行为的农户模型分析——基于健康和收入的视角［J］．当代经济科学，2015，37（06）：78-91+125.

[78] 彭群．国内外农业规模经济理论研究述评［J］．中国农村观察，1999（01）：41-45.

[79] 普蓂喆，郑风田．粮食储备与价格调控问题研究动态［J］．经济学动态，2016（11）：115-125.

[80] 普蓂喆，郑风田．中国粮食支持政策该向何处去？——来自商品储备模型量化政策评估的证据［J］．中国人口·资源与环境，2020，30（03）：115-125.

[81] 钱煜昊，曹宝明，武舜臣．中国粮食购销体制演变历程分析（1949~2019）——基于制度变迁中的主体权责转移视角［J］．中国农村观察，2019（04）：2-17.

[82] 邱君．我国化肥施用对水污染的影响及其调控措施［J］．农业经济问题，2007（S1）：75-80.

[83] 全国农村固定观察点办公室．中国农户存粮及影响［J］．中国农村观察，1998（05）：32-37.

[84] 任红燕，史清华．山西农户家庭粮食收支平衡的实证分析［J］．农业技术经济，1999（05）：12-15.

[85] 阮荣平，周佩，郑风田．"互联网+"背景下的新型农业经营主体信息化发展状况及对策建议——基于全国1394个新型农业经营主体调查数据［J］．管理世界，2017（07）：50-64.

[86] 邵帅，范美婷，杨莉莉．资源产业依赖如何影响经济发展效率？——有条件资源诅咒假说的检验及解释［J］．管理世界，2013（02）：32-63.

[87] 盛洁，陆迁，郑少锋．现代通讯技术使用和交易成本对农户市场销售渠道选择的影响［J］．西北农林科技大学学报（社会科学版），2019，19（04）：150-160.

［88］史常亮，郭焱，朱俊峰．中国粮食生产中化肥过量施用评价及影响因素研究［J］．农业现代化研究，2016，37（04）：671-679.

［89］史海娃，宋卫国，赵志辉．我国农业土壤污染现状及其成因［J］．上海农业学报，2008（02）：122-126.

［90］史清华，徐翠萍．农家粮食储备：从自我防范到社会保障——来自长三角15村20年的实证［J］．农业技术经济，2009（01）：30-37.

［91］史清华，卓建伟．农户粮作经营及家庭粮食安全行为研究——以江浙沪3省市26村固定跟踪观察农户为例［J］．农业技术经济，2004（05）：23-32.

［92］史清华．农户经济增长与发展研究［M］．北京：中国农业出版社，1999.

［93］世界银行．Missing food：The case of post-harvest grain losses in sub-Saharan Africa［R］．Washington，DC：World Bank，2011.

［94］舒尔茨．改造传统农业［M］．北京：商务印书馆，1987.

［95］宋圭武．农户行为研究若干问题述评［J］．农业技术经济，2002（04）：59-64.

［96］宋洪远，张恒春，李婕，等．中国粮食产后损失问题研究——以河南省小麦为例［J］．华中农业大学学报（社会科学版），2015（04）：1-6.

［97］宋洪远．经济体制与农户行为——一个理论分析框架及其对中国农户问题的应用研究［J］．经济研究，1994（08）：22-28.

［98］孙剑非．中国农户粮食储备问题研究［D］．北京：中国农业大学，1999.

［99］孙琳琳，杨浩，郑海涛．土地确权对中国农户资本投资的影响——基于异质性农户模型的微观分析［J］．经济研究，2020，55（11）：156-173.

［100］孙希芳，牟春胜．通货膨胀、真实利率与农户粮食库存1980~2003年中国农户存粮行为的实证分析［J］．中国农村观察，2004（06）：23-33.

［101］唐丽霞，左停．中国农村污染状况调查与分析——来自全国141个村的数据［J］．中国农村观察，2008（01）：31-38.

［102］万广华，张藕香．中国农户粮食储备行为的决定因素：价格很重要吗？［J］．中国农村经济，2007（05）：13-23.

[103] 王大为，蒋和平. 基于农业供给侧结构改革下对我国粮食安全的若干思考 [J]. 经济学家，2017（06）：78-87.

[104] 王钢，钱龙. 新中国成立 70 年来的粮食安全战略：演变路径和内在逻辑 [J]. 中国农村经济，2019（11）：1-15.

[105] 王格玲，陆迁. 社会网络影响农户技术采用倒 U 型关系的检验——以甘肃省民勤县节水灌溉技术采用为例 [J]. 农业技术经济，2015（10）：92-106.

[106] 王晶磊，肖雅斌，徐威，等. 粮库储粮害虫防治存在问题及前景展望 [J]. 粮食与食品工业，2014，21（03）：82-85.

[107] 王清兰，陶艳艳，刘成海. 黄曲霉毒素体内吸收与代谢的干预措施研究进展 [J]. 肿瘤，2007（05）：415-418.

[108] 魏后凯. 当前"三农"研究的十大前沿课题 [J]. 中国农村经济，2019（04）：2-6.

[109] 魏霄云，史清华. 农家粮食：储备与安全——以晋浙黔三省为例 [J]. 中国农村经济，2020（09）：86-104.

[110] 闻海燕. 市场化条件下粮食主销区的农户粮食储备与粮食安全 [J]. 粮食问题研究，2004（01）：32-34.

[111] 翁贞林. 农户理论与应用研究进展与述评 [J]. 农业经济问题，2008（08）：93-100.

[112] 乌云花，黄季焜，R. Scott. 水果销售渠道主要影响因素的实证研究 [J]. 系统工程理论与实践，2009（4）：60-68.

[113] 吴乐. 中国粮食需求中长期趋势研究 [D]. 武汉：华中农业大学，2011.

[114] 吴林海，胡其鹏，朱淀，等. 水稻收获损失主要影响因素的实证分析——基于有序多分类 Logistic 模型 [J]. 中国农村观察，2015（06）：22-33.

[115] 吴笑语，蒋远胜. 社会网络、农户借贷规模与农业生产性投资——基于中国家庭金融调查数据库 CHFS 的经验证据 [J]. 农村经济，2020（12）：104-112.

[116] 武拉平．中国农业市场化改革的逻辑［J］．农业现代化研究，2020，41（01）：7-15.

[117] 武翔宇．农户粮食储备行为研究［J］．农业技术经济，2007（05）：74-79.

[118] 西爱琴，刘阳，徐龙军，等．农户粮食储备决策：一个国内外文献研究综述［J］．经济问题探索，2013（09）：157-162.

[119] 西爱琴，朱广印，吴敬学．农户科学储粮技术认知与采用意愿研究——基于山东省的实证分析［J］．中国农业资源与区划，2015，36（05）：82-88.

[120] 向安宁．新型农业经营主体粮食储备及其政策研究［D］．武汉：武汉轻工大学，2016.

[121] 肖攀，刘春晖，李永平．家庭教育支出是否有利于农户未来减贫？——基于贫困脆弱性的实证分析［J］．教育与经济，2020，36（05）：3-12.

[122] 肖铁．改善我省粮食运输管理的探索［J］．重庆商学院学报，1996（01）：6-9.

[123] 徐芳．农户售粮储粮行为的形成及引导［J］．农村经济，2002（06）：56-57.

[124] 徐建玲，储怡菲，冯磊．不同规模农户售粮行为差异及影响因素分析——基于安徽省320个农户的调查数据［J］．农村经济，2018（11）：102-109.

[125] 徐雪高．农户粮食销售时机选择及其影响因素分析［J］．财贸研究，2011，22（01）：34-38+80.

[126] 许庆，尹荣梁，章辉．规模经济、规模报酬与农业适度规模经营——基于我国粮食生产的实证研究［J］．经济研究，2011，46（03）：59-71+94.

[127] 颜波，陈玉中．粮食流通体制改革30年［J］．中国粮食经济，2009（03）：18-25.

[128] 杨汝岱，陈斌开，朱诗娥．基于社会网络视角的农户民间借贷需求行为研究［J］．经济研究，2011，46（11）：116-129.

［129］杨永华．舒尔茨的《改造传统农业》与中国三农问题［J］．南京社会科学，2003（09）：28-31.

［130］杨月锋，赖永波．农户储粮行为关键影响因素的作用路径分析——基于结构方程模型的实证［J］．农林经济管理学报，2019，18（02）：180-189.

［131］杨月锋，徐学荣．主销区农户储粮行为的影响因素分析——基于福建的调查数据［J］．福建农林大学学报（哲学社会科学版），2015，18（05）：39-44.

［132］杨月锋．福建省农户粮食储备行为的影响因素研究［D］．福州：福建农林大学，2015.

［133］姚增福．黑龙江省种粮大户经营行为研究［D］．杨凌：西北农林科技大学，2011.

［134］尹国彬．近年我国粮食产后损失评估及减损对策［J］．粮食与饲料工业，2017（03）：1-3.

［135］于文静，王宇．我国每年因过度加工损失粮食 150 亿斤［EB/OL］．http：//www.gov.cn/xinwen/2014－07/08/content＿2714362.htm，2014－07-08/2020-10-17.

［136］余志刚，郭翔宇．主产区农户储粮行为分析——基于黑龙江省 409 个农户的调查［J］．农业技术经济，2015（08）：35-42.

［137］虞洪．种粮主体行为变化对粮食安全的影响及对策研究［D］．成都：西南财经大学，2016.

［138］袁航，段鹏飞，刘景景．关于农业效率对农户农地流转行为影响争议的一个解答——基于农户模型（AHM）与 CFPS 数据的分析［J］．农业技术经济，2018（10）：4-16.

［139］约翰·伊特韦尔，米尔盖特·纽曼．新帕尔格雷夫经济学大辞典［M］．北京：经济科学出版社，1996.

［140］詹琳，杜志雄．统筹食品链管理推动粮食减损降废的思考与建议［J］．经济纵横，2021（01）：90-97.

[141] 詹玉荣．全国粮食产后损失抽样调查及分析［J］．中国粮食经济，1995（04）：44-47.

[142] 张安良，马凯，史常亮．粮食价格与农户家庭储粮行为的响应关系研究［J］．价格理论与实践，2012（11）：25-26.

[143] 张改清．粮食最低收购价政策下农户储售粮行为响应及其收入效应［J］．农业经济问题，2014，35（07）：86-93+112.

[144] 张建杰．粮食主产区农户粮作经营行为及其政策效应——基于河南省农户的调查［J］．中国农村经济，2008（06）：46-54.

[145] 张健，傅泽田，李道亮．粮食损失的形成和我国粮食损失现状［J］．中国农业大学社会科学学报，1998（04）：59-63.

[146] 张林秀．农户经济学基本理论概述［J］．农业技术经济，1996（03）：24-30.

[147] 张敏，余劲．苹果销售中影响果农选择销售对象的因素分析——基于陕西省白水县 200 户果农的调查［J］．农村经济，2009，12：45-49.

[148] 张盼盼，白军飞，刘晓洁，等．消费端食物浪费：影响与行动［J］．自然资源学报，2019，34（02）：437-450.

[149] 张瑞娟，李国祥．全球化视角下中国粮食贸易格局与国家粮食安全［J］．国际贸易，2016（12）：10-15.

[150] 张瑞娟，孙顶强，武拉平，等．农户存粮行为及其影响因素——基于不同粮食品种的微观数据分析［J］．中国农村经济，2014（11）：17-27.

[151] 张瑞娟，武拉平，崔登峰．从农户粮食供需均衡看农户储粮影响因素［J］．石河子大学学报（哲学社会科学版），2013，27（02）：86-92.

[152] 张瑞娟，武拉平．基于资产选择决策的农户粮食储备量影响因素分析［J］．中国农村经济，2012b（07）：51-59.

[153] 张瑞娟，武拉平．我国农户粮食储备问题研究［J］．中国农业大学学报，2012a，17（01）：176-181.

[154] 张瑞娟．中国农户粮食储备行为研究［D］．北京：中国农业大

学，2013.

［155］张士云，郑晓晓，万伟刚．销售渠道和收储设施对销售价格的影响——以安徽省种粮大户为例［J］．农业现代化研究，2017，38（04）：623-631.

［156］张秀玲．中国农产品农药残留成因与影响研究［D］．无锡：江南大学，2013.

［157］张颖．陕西省2010年农户存售粮调查分析［J］．价格与市场，2010（05）：40-41.

［158］张忠明，钱文荣．不同土地规模下的农户生产行为分析——基于长江中下游区域的实地调查［J］．四川大学学报（哲学社会科学版），2008（01）：87-93.

［159］赵霞，曹宝明，赵莲莲．粮食产后损失浪费评价指标体系研究［J］．粮食科技与经济，2015，40（03）：6-9.

［160］郑风田．制度变迁与中国农民经济行为［M］．北京：中国农业科技出版社，2000.

［161］郑杭生，汪雁．农户经济理论再议［J］．学海，2005（03）：66-75.

［162］周振亚，罗其友，李全新，等．基于节粮潜力的粮食安全战略研究［J］．中国软科学，2015（11）：11-16.

［163］朱淀，孔霞，顾建平．农户过量施用农药的非理性均衡：来自中国苏南地区农户的证据［J］．中国农村经济，2014（08）：17-29.

［164］邹彩芬，罗忠玲，王雅鹏．农户存粮的经济效益及市场影响分析［J］．统计与决策，2006（05）：73-75.

［165］Abdulai, A., and W. Huffman. The Adoption and Impact of Soil and Water Conservation Technology: An Endogenous Switching Regression Application［J］. Land Economics, 2014, 90（01）：26-43.

［166］Affognon, H., C. Mutlingi, P. Sanginga, et al. Unpacking Postharvest Losses in Sub-Saharan Africa: A Meta-Analysis［J］. World Development, 2015（66）：49-68.

［167］Akkerman, R. , and D. Van Donk. Development and Application of a Decision Support Tool for Reduction of Product Losses in the Food－Processing Industry ［J］. Journal of Cleaner Production, 2008, 16（03）: 335-342.

［168］Aktar, W. , D. Sengupta, and A. Chowdhury. Impact of Pesticides Use in Agriculture: Their Benefits and Hazards ［J］. Interdiscip Toxicol, 2009, 2（01）: 1-12.

［169］Appiah, F. , R. Guisse, and P. K. A. Dartey. Post Harvest Losses of Rice from Harvesting to Milling in Ghana ［J］. Journal of Stored Products and Postharvest Research, 2011, 2（04）: 64-71.

［170］Aulakh, J. , and A. Regmi. Post-Harvest Food Losses Estimation—Development of Consistent Methodology ［R］. Rome, Italy: FAO, 2013.

［171］Bala, B. K. Post Harvest Loss and Technical Efficiency of Rice, Wheat and Maize Production System: Assessment and Measures for Strengthening Food Security ［R］. Bangladesh: National Food Policy Capacity Strengthening Programme, 2010.

［172］Baoua, I. B. , L. Amadou, V. Margam, et al. Comparative Evaluation of Six Storage Methods for Postharvest Preservation of Cowpea Grain ［J］. Journal of Stored Products Research, 2012（49）: 171-175.

［173］Barrett, C. B. , and L. E. M. Bevis. The Micronutrient Deficiencies Challenge in African Food Systems ［A］//David S. The Fight against Hunger and Malnutrition: The Role of Food, Agriculture, and Targeted Policies ［C］. London, UK: Oxford University Press, 2015.

［174］Barzman, M. , P. Bàrberi, A. N. E. Birch, et al. Eight Principles of Integrated Pest Management ［J］. Agronomy for Sustainable Development, 2015, 35（04）: 1199-1215.

［175］Basavaraja, H. , S. B. Mahajanashetti, and N. C. Udagatti. Economic Analysis of Post-harvest Losses in Food Grains in India: A Case Study of Karnataka ［J］. Agricultural Economics Research Review, 2007, 20（01）: 581-593.

［176］Baum, C. F. Stata Tip 63: Modeling Proportions ［J］. Stata Journal, 2008 （82）: 299-303.

［177］Becker, S. O. , and A. Ichino. Estimation of Average Treatment Effects Based On Propensity Scores ［J］. Stata Journal, 2002, 2 （04）: 358-377.

［178］Bellemare, M. F. , M. Cakir, H. H. Peterson, et al. On the Measurement of Food Waste ［J］. American Journal of Agricultural Economics, 2017, 99 （05）: 1148-1158.

［179］Bendinelli, W. E. , C. T. Su, T. G. Pera, et al. What are The Main Factors That Determine Post-Harvest Losses of Grains? ［J］. Sustainable Production and Consumption, 2020 （21）: 228-238.

［180］Boxall, R. A. Damage and Loss Caused By The Larger Grain Borer Prostephanus Truncates ［J］. Integrated Pest Management Reviews, 2002, 7 （02）: 105-121.

［181］Boyer, S. , H. Zhang, and G. Lempã Riã Re. A Review of Control Methods and Resistance Mechanisms in Stored-Product Insects ［J］. Bulletin of Entomological Research, 2012, 102 （02）: 213-229.

［182］Brown, P. R. , A. Mcwilliam, and K. Khamphoukeo. Post-Harvest Damage to Stored Grain by Rodents in Village Environments in Laos ［J］. International Biodeterioration & Biodegradation, 2013 （82）: 104-109.

［183］Burke, M. , L. F. Bergquist, and E. Miguel. Sell Low And Buy High: Arbitrage and Local Price Effects in Kenyan Markets ［J］. Quarterly Journal of Economics, 2019, 134 （02）: 785-842.

［184］Buschena, D. , V. Smith, and H. Di. Policy Reform and Farmers' Wheat Allocation in Rural China: A Case Study ［J］. Australian Journal of Agricultural and Resource Economics, 2005, 49 （02）: 143-158.

［185］Buzby, J. C. , and J. Hyman. Total and Per Capita Value of Food Loss in the United States ［J］. Food Policy, 2012, 37 （05）: 561-570.

［186］ Chayanov. The Theory of Peasant Economy ［M］. New York: Homewood American Economic Association Press, 1925.

［187］ Cedrez, C. B., J. Chamberlin, and R. J. Hijmans, Seasonal, Annual, and Spatial Variation in Cereal Prices in Sub-Saharan Africa ［J］. Global Food Security-Agriculture Policy Economics and Environment, 2020 (26): 100438.

［188］ Chegere, J. M. Post – Harvest Losses Reduction by Small – Scale Maize Farmers: The Role of Handling Practices ［J］. Food Policy, 2018 (77): 103-115.

［189］ Chen, X. J., L. H. Wu, L. J. Shan, et al. Main Factors Affecting Post-Harvest Grain Loss during the Sales Process: A Survey in Nine Provinces of China ［J］. Sustainability, 2018 (10): 3.

［190］ Chirwa, E. W. Determinants of Marketing Channels among Smallholder Maize Farmers in Malawi ［R］. University of Malawi, 2009.

［191］ Christiansen, F. Food Security, Urbanization and Social Stability in China ［J］. Journal of Agrarian Change, 2009, 9 (04): 548-575.

［192］ Chulze, S. N. Strategies to Reduce Mycotoxin Levels in Maize during Storage: A Review ［J］. Food Additives and Contaminants Part A – Chemistry Analysis Control Exposure & Risk Assessment, 2010, 27 (05): 651-657.

［193］ Coulter, J., and G. Onumah. The Role of Warehouse Receipt Systems in Enhanced Commodity Marketing and Rural Livelihoods in Africa ［J］. Food Policy, 2002, 27 (04): 319-337.

［194］ Crook. China Trip Report ［R］. Washington: United States Department of Agriculture, 1996.

［195］ De Fond, M., D. H. Erkens, and J. Y. Zhang. Do Client Characteristics Really Drive the Big N Audit Quality Effect? New Evidence from Propensity Score Matching ［J］. Management Science, 2017, 63 (11): 3628-3649.

［196］ Degraeve, S., R. R. Madege, K. Audenaert, et al. Impact of Local Pre-Harvest Management Practices in Maize on the Occurrence of Fusarium Species and Associated Mycotoxins in Two Agro-Ecosystems in Tanzania [J]. Food Control, 2016 (59): 225-233.

[197] Diagne, A., and M. Demont. Taking A New Look at Empirical Models of Adoption: Average Treatment Effect Estimation of Adoption Rates and Their Determinants [J]. Agricultural Economics, 2010, 37 (2-3): 201-210.

[198] Diaz - Valderrama, J. R., A. W. Njoroge, D. Macedo - Valdivia, et al. Postharvest Practices, Challenges and Opportunities for Grain Producers in Arequipa, Peru [J]. Plos One, 2020, 15 (11): e0240857.

[199] Diprete, T. A., and M. Gangl. Assessing Bias in the Estimation of Causal Effects: Rosenbaum Bounds on Matching Estimators and Instrumental Variables Estimation with Imperfect Instruments [J]. Sociological Methodology, 2004 (34): 271-310.

[200] FAO. An Introduction to the Basic Concepts of Food Security [R]. Rome: FAO Food Security Programme, 2008.

[201] FAO. Global Food Losses and Food Waste: Extent, Causes and Prevention [R]. Rome, Italy: FAO, 2011.

[202] Fink, G., B. K. Jack, and F. Masiye. Seasonal Liquidity, Rural Labor Markets, and Agricultural Production [J]. American Economic Review, 2020, 110 (11): 3351-3392.

[203] Fukase, E., and W. Martin. Who Will Feed China in the 21st Century? Income Growth and Food Demand and Supply in China [J]. Journal of Agricultural Economics, 2016, 67 (01): 3-23.

[204] Giller, K. E. The Food Security Conundrum of sub - Saharan Africa [J]. Global Food Security - Agriculture Policy Economics and Environment, 2020 (26): 100431.

[205] Gitonga, Z. M., H. De Groote, M. Kassie, et al. Impact of Metal Silos on Households' Maize Storage, Storage Losses and Food Security: An Application of

A Propensity Score Matching [J] . Food Policy, 2013 (43): 44-55.

[206] Goldsmith, P. D. , A. G. Martins, and A. D. de Moura. The Economics of Post-Harvest Loss: A Case Study of the New Large Soybean-Maize Producers in Tropical Brazil [J] . Food Security, 2015, 7 (04): 875-888.

[207] Golob, P. On-Farm Post-Harvest Management of Food Grains: A Manual for Extension Workers with Special Reference to Africa [R] . Rome, Italy: FAO, 2009.

[208] Groote, H. D. , S. C. Kimenju, P. Likhayo, et al. Effectiveness of Hermetic Systems in Controlling Maize Storage Pests in Kenya [J] . Journal of Stored Products Research, 2013, 53 (02): 27-36.

[209] Heckman, J. J. , H. Ichimura, and P. E. Todd. Matching As an Econometric Evaluation Estimator: Evidence from Evaluating a Job Training Programme [J] . Review of Economic Studies, 1997, 64 (04): 605-654.

[210] Heckman, J. J. Sample Selection Bias as a Specification Error [J]. Econometrica, 1979, 47 (01): 153-161.

[211] Hengsdijk, H. , and W. J. de Boer. Post-Harvest Management and Post-Harvest Losses of Cereals in Ethiopia [J] . Food Security, 2017, 9 (05): 945-958.

[212] Hertog, M. L. A. T. , I. Uysal, U. Mccarthy, et al. Shelf Life Modelling for First-Expired-First-Out Warehouse Management [J] . Philosophical Transactions of the Royal Society A. Mathematical, Physical and Engineering Sciences, 2014, 372 (2017): 306-321.

[213] HLPE. Food Losses and Waste in the Context of Sustainable Food Systems [R] . Rome: Committee on World Food Security, 2014.

[214] Hodges, R. J. , J. C. Buzby, and B. Bennett. Postharvest Losses and Waste in Developed and Less Developed Countries: Opportunities to Improve Resource Use [J] . Journal of Agricultural Science, 2011 (149): 37-45.

[215] Huang, J. K. , W. Wei, C. Qi, et al. The Prospects for China's Food Se-

curity and Imports: Will China Starve the World Via Imports? [J]. Journal of Integrative Agriculture, 2017, 16 (12): 2933–2944.

[216] Jalan, J., and M. Ravallion. Does Piped Water Reduce Diarrhea for Children in Rural India? [J]. Journal of Econometrics, 2003, 112 (01): 153–173.

[217] Janvry, A. D., A. Dustan, and E. Sadoulet. Recent Advances in Impact Analysis Methods for Ex–Post Impact Assessments of Agricultural Technology: Options for the CGIAR [R]. Berkeley, USA: University of California, 2011.

[218] John, A. Rodent Outbreaks and Rice Pre–Harvest Losses in Southeast Asia [J]. Food Security, 2014, 6 (02): 249–260.

[219] Jones, M., C. Alexander, and J. Lowenberg–Deboer. A Simple Methodology for Measuring Profitability of on–Farm Storage Pest Management in Developing Countries [J]. Journal of Stored Products Research, 2014, 58 (07): 67–76.

[220] Kadjo, D., J. Ricker–Gilbert, T. Abdoulaye, et al. Storage Losses, Liquidity Constraints, and Maize Storage Decisions in Benin [J]. Agricultural Economics, 2018, 49 (04): 435–454.

[221] Kadjo, D., J. Ricker–Gilbert, and C. Alexander. Estimating Price Discounts for Low–Quality Maize in sub–Saharan Africa: Evidence from Benin [J]. World Development, 2016 (77): 115–128.

[222] Kaminski, J., and L. Christiaensen. Post–Harvest Loss in Sub–Saharan Africa: What Do Farmers Say? [J]. Global Food Security–Agriculture Policy Economics and Environment, 2014, 3 (3–4): 149–158.

[223] Kassie, M., B. Shiferaw, and G. Muricho. Agricultural Technology, Crop Income, and Poverty Alleviation in Uganda [J]. World Development, 2011, 39 (10): 1784–1795.

[224] Khandker, S. R. K. G. B. S. Handbook on Impact Evaluation: Quantitative Methods and Practices [M]. Washington, DC: World Bank Publications, 2010.

[225] Kiaya, V. Post – Harvest Losses and Strategies to Reduce Them

[R] . London: Action against Hunger, 2014.

[226] Kimenju, S. C. , and H. D. Groote. Economic Analysis of Alternative Maize Storage Technologies in Kenya [R] . Cape Town, South Africa: 48th Agricultural Economists Association of South Africa (AEASA) Conference, 2010.

[227] Koenker, R. , and G. Bassett. Regression Quantiles [J] . Econometrica, 1978, 46 (01): 33-50.

[228] Kumar, D. , and P. Kalita. Reducing Postharvest Losses during Storage of Grain Crops to Strengthen Food Security in Developing Countries [J] . Foods, 2017, 6 (01): 228-250.

[229] Kummu, M. , H. De Moel, and M. Porkka. Lost Food, Wasted Resources: Global Food Supply Chain Losses and Their Impacts on Freshwater, Cropland, and Fertiliser Use [J] . Science of the Total Environment, 2012 (438): 477-489.

[230] Lee, W. S. Propensity Score Matching and Variations on the Balancing Test [J] . Empirical Economics, 2013, 44 (01): 47-80.

[231] Lian, Y. , S. Zhi, and Y. Gu. Evaluating the Effects of Equity Incentives Using PSM: Evidence from China [J] . Frontiers of Law in China, 2011, 5 (02): 266-290.

[232] Lipinski, B. , C. Hanson, R. Waite, et al. Reducing Food Loss and Waste [R] . Washington, DC: World Resources Institute, 2013.

[233] L. M. Lopez-Castillo, S. E. Silva-Fernandez, R. Winkler, et al. Postharvest Insect Resistance in Maize [J] . Journal of Stored Products Research, 2018 (77): 66-76.

[234] Manda, J. , and B. M. Mvumi. Gender Relations in Household Grain Storage Management and Marketing: The Case of Binga District, Zimbabwe [J]. Agriculture & Human Values, 2010, 27 (01): 85-103.

[235] Martins, A. G. , P. Goldsmith, and A. Moura. Managerial Factors Affect-

ing Post-Harvest Loss: The Case of Mato Grosso Brazil [J]. International Journal of Agricultural Management, 2014, 3 (04): 200-209.

[236] Mendoza, J. R., L. Sabillon, W. Martinez, et al. Traditional Maize Post - Harvest Management Practices amongst Smallholder Farmers in Guatemala [J]. Journal of Stored Products Research, 2017 (71): 14-21.

[237] Minardi, A., V. Tabaglio, A. Ndereyimana, et al. Rural Development Plays a Central Role in Food Wastage Reduction in Developing Countries: Envisioning a Future Without Food Waste & Food Poverty: Societal Challenges [R]. Bilbao, Spain: 2015.

[238] Minten, B., T. Reardon, S. Das Gupta, et al. Wastage in Food Value Chains in Developing Countries: Evidence from the Potato Sector in Asia [A] // Schmitz A, et al. Food Security in a Food Abundant World [C]. Bradford, UK: Emerald Publishing Limited, 2016.

[239] Murdock, L. L., V. Margam, I. Baoua, et al. Death by Desiccation: Effects of Hermetic Storage on Cowpea Bruchids [J]. Journal of Stored Products Research, 2012 (49): 166-170.

[240] Murteira, J. M. R., and J. J. S. Ramalho. Regression Analysis of Multivariate Fractional Data [J]. Econometric Reviews, 2016, 35 (04): 515-552.

[241] Mutiga, S. K., V. Hoffmann, J. W. Harvey, et al. Assessment of Aflatoxin and Fumonisin Contamination of Maize in Western Kenya [J]. Phytopathology, 2015, 105 (09): 1250-1261.

[242] Naranjo, S. E., P. C. Ellsworth, and G. B. Frisvold. Economic Value of Biological Control in Integrated Pest Management of Managed Plant Systems [M]. Palo Alto, USA: Annual Review, 2015.

[243] Ngamo, T. S. L., M. B. Ngassoum, P. M. Mapongmestsem, et al. Current Post Harvest Practices to Avoid Insect Attacks on Stored Grains in Northern Cameroon [J]. Agricultural Journal, 2007, 2 (02): 242-247.

［244］ Neudert, R. , L. P. Hecker, and H. Randrianarison. Are Smallholders Disadvantaged by 'Double Sell Low, Buy High' Dynamics on Rural Markets in Madagascar? ［J］. Development Southern Africa, 2020 (10): 215-230.

［245］ Ola, O. , and L. Menapace. Smallholders' Perceptions and Preferences for Market Attributes Promoting Sustained Participation in Modern Agricultural Value Chains ［J］. Food Policy, 2020 (97): 101-131.

［246］ Ortiz, R. Increasing On-Farm Storage: Innovation, Prizes and Public Mechanisms That Benefit Small Farmers ［A］ //Milligan A. Proceedings of the Crawford Fund 2016 Annual Conference: Waste not, want not: the circular economy to food security ［C］. Canberra, Australia: Crawford Fund, 2016.

［247］ Papke, L. E. , and J. M. Wooldridge. Econometric Methods for Fractional Response Variables with an Application to 401 (K) Plan Participation Rates ［J］. Journal of Applied Econometrics, 1996, 11 (06): 619-632.

［248］ Parfitt, J. , M. Barthel, and S. Macnaughton. Food Waste within Food Supply Chains: Quantification and Potential for Change to 2050 ［J］. Philosophical Transactions of the Royal Society B-Biological Sciences, 2010, 365 (1554): 3065-3081.

［249］ Park, A. Household Grain Management under Uncertainty in China's Poor Areas ［D］. USA: Stanford University, 1996.

［250］ Park, A. Risk and Household Grain Management in Developing Countries ［J］. Economic Journal, 2006, 116 (514): 1088-1115.

［251］ Park, J. , J. Kang, J. Kyoung, et al. Effects of Warehouse Types and Packaging Methods on the Quality of Potatoes after Wound-Healing ［J］. Korean Journal of Horticultural Science & Technology, 2007, 25 (04): 311-315.

［252］ Phillips, T. W. , and J. E. Throne. Biorational Approaches to Managing Stored-Product Insects ［J］. Annual Review of Entomology, 2010, 55 (01): 375-397.

［253］Polanyi, K. The Great Transformation: The Political and Economic Origins of Our Time ［M］. Boston, USA: Beacon Press, 1944.

［254］Popkin, S. L. The Rational Peasant: The Political Economy of Rural Society in Vietnam ［M］. Berkeley, USA: University of California Press, 1979.

［255］Quezada, M. Y., J. Moreno, M. E. Vázquez, et al. Hermetic Storage System Preventing The Proliferation of Prostephanus Truncatus Horn and Storage Fungi in Maize with Different Moisture Contents ［J］. Postharvest Biology & Technology, 2006, 39 (03): 321−326.

［256］Ratinger, T. Food Loses in the Selected Food Supply Chains ［R］. Perugia, Italy: European Association of Agricultural Economists, 2013.

［257］Renkow, M. Household Inventories and Marketed Surplus in Semisubsistence Agriculture ［J］. American Journal of Agricultural Economics, 1990, 72 (03): 664−675.

［258］Rosegrant, M. W., E. Magalhaes, R. A. Valmonte−Santos, et al. Returns to Investment in Reducing Postharvest Food Losses and Increasing Ag Productivity Growth ［R］. Rome, Itlay: FAO, 2015.

［259］Rosenbaum, P. R., and D. B. Rubin. Constructing A Control−Group Using Multivariate Matched Sampling Methods That Incorporate The Propensity Score ［J］. American Statistician, 1985, 39 (01): 33−38.

［260］Ruhinduka, R. D., Y. Alem, H. Eggert, et al. Smallholder Rice Farmers' Post−Harvest Decisions: Preferences and Structural Factors ［J］. European Review of Agricultural Economics, 2020, 47 (04): 1587−1620.

［261］Saha, A., and J. Stroud. A Household Model of on−Farm Storage under Price Risk ［J］. American Journal of Agricultural Economics, 1994, 76 (03): 522−534.

［262］Schneider, F. Wasting Food: An Insistent Behavior ［R］. Vienna, Austria: Boku University, 2008.

[263] Scott, J. C., The Moral Economy of The Peasant: Rebellion and Subsistence in Southeast Asia [M]. New Haven, USA: Yale University Press, 1976.

[264] Sheahan, M., C. B. Barrett, and C. Goldvale. Human Health and Pesticide Use in Sub-Saharan Africa [J]. Agricultural Economics, 2017 (48): 27-41.

[265] Sheahan, M., and C. B. Barrett. Review: Food Loss and Waste in Sub-Saharan Africa [J]. Food Policy, 2017 (70): 1-12.

[266] Silvennoinen, K., J. M. Katajajuuri, H. Hartikainen, et al. Food Waste Volume and Composition in Finnish Households [J]. British Food Journal, 2014, 116 (06): 1058-1068.

[267] Sun, D. Q., H. G. Qiu, J. F. Bai, et al. Liquidity Constraints and Post-harvest Selling Behavior: Evidence from China's Maize Farmers [J]. Developing Economies, 2013, 51 (03): 260-277.

[268] Swinnen, J. F. M., and M. Maertens. Globalization, Privatization, and Vertical Coordination in Food Value Chains In Developing and Transition Countries [J]. Agricultural Economics, 2007 (37): 89-102.

[269] Takeshima, H., and W. A. Nelson. Sales Location and Supply Response among Semi-subsistence farmers in Benin [R]. IFPRI Discussion Paper, 2010.

[270] Tefera, T., F. Kanampiu, H. De Groote, et al. The Metal Silo: An Effective Grain Storage Technology for Reducing Post-Harvest Insect and Pathogen Losses in Maize While Improving Smallholder Farmers' Food Security in Developing Countries [J]. Crop Protection, 2011, 30 (03): 240-245.

[271] Tesfaye, W., and N. Tirivayi. The Impacts of Postharvest Storage Innovations on Food Security and Welfare in Ethiopia [J]. Food Policy, 2018 (75): 52-67.

[272] Thamaga-Chitja, J. M., S. L. Hendriks, G. F. Ortmann, et al. Impact of Maize Storage on Rural Household Food Security in Northern Kwazulu - Natal [J]. Journal of Family Ecology & Consumer Sciences, 2013 (02): 8-15.

[273] Thou, Z. Y. Achieving Food Security in China: Past Three Decades and Beyond [J]. China Agricultural Economic Review, 2010, 2 (03): 251-275.

[274] UN. Transforming our World: The 2030 Agenda for Sustainable Development [R]. New York, USA: UN, 2015.

[275] Verma, M., C. Plaisier, C. P. A. van Wagenberg, et al. A Systems Approach to Food Loss and Solutions: Understanding Practices, Causes, and Indicators [J]. Sustainability, 2019, 11 (03) 160-180.

[276] Villers, P., S. Navarro, and T. D. Bruin. New Applications of Hermetic Storage for Grain Storage and Transport [R]. Estoril, Portugal: Proceedings of the 10th International Working Conference on Stored Product Protection, 2010.

[277] Vozoris, N. T., and V. S. Tarasuk. Household Food Insufficiency Is Associated with Poorer Health [J]. Journal of Nutrition, 2003, 133 (01): 120-126.

[278] Waterfield, G., and D. Zilberman. Pest Management in Food Systems: An Economic Perspective [J]. Social Science Electronic Publishing, 2012, 37 (01): 223-245.

[279] Williams, J. C., and B. D. Wright. Storage and Commodity Markets [M]. Cambridge University Press, 2005.

[280] Woldie, G. A., and E. A. Nuppenau. Channel Choice Decision in the Ethiopian Banana Markets: A Transaction Cost Economics Perspective [J]. Journal of Economic Theory, 2009 (03): 80-90.

[281] Wooldridge, J. M. Econometric Analysis of Cross Section and Panel Data [M]. Cambridge, MA: MIT Press, 2003.

[282] Wu, F., C. Narrod, M. Tiongco, et al. The Health Economics of Aflatoxin: Global Burden of Disease [R]. Washington, USA: IFPRI, 2011.

[283] Wu, L. H., Q. P. Hu, J. H. Wang, et al. Empirical Analysis of The Main Factors Influencing Rice Harvest Losses Based on Sampling Survey Data of Ten Provinces in China [J]. China Agricultural Economic Review, 2017, 9 (02): 287-302.

［284］Yonas, M. , K. Welegerima, S. Deckers, et al. Farmers' Perspectives of Rodent Damage and Management from The Highlands of Tigray, Northern Ethiopian ［J］. Crop Protection, 2010, 29（06）: 532-539.

［285］Zhu, L. Food Security and Agricultural Changes in the Course of China's Urbanization ［J］. China & World Economy, 2011, 19（02）: 40-59.

［286］Zulu, B. , T. S. Jayne, and M. Beaver. Smallholder Household Maize Production and Marketing Behavior in Zambia: Implications for Policy ［R］. Food Security Collaborative Policy Briefs, 2007.